Jessica Rohrbach

KLEINE FREIHEIT *vor der Haustür*

Freigängerkatzen richtig halten

CADMOS

KLEINE FREIHEIT
vor der Haustür

Freigängerkatzen richtig halten

CADMOS

Gestaltung und Satz: Johanna Böhm, Dassendorf
Lektorat: Anneke Fröhlich

Coverfoto: Hans-Joachim Rudolph
Fotos im Innenteil: animals digital/Thomas Brodmann, Lisa Gomez Ringe, Werner Halver, Tanja Schneider, Shutterstock.com

Druck: Westermann Druck, Zwickau

Deutsche Nationalbibliothek – CIP-Einheitsaufnahme
Die Deutsche Nationalbibliothek verzeichnet diese Publikation in der Deutschen Nationalbibliografie; detaillierte bibliografische Daten sind im Internet über http://dnb.ddb.de abrufbar.

Printed in Germany
ISBN 978-3-8404-4016-8

Autorin und Verlag haben den Inhalt dieses Buches mit großer Sorgfalt und nach bestem Wissen und Gewissen zusammengestellt. Für eventuelle Schäden an Mensch und Tier, die als Folge von Handlungen und/oder gefassten Beschlüssen aufgrund der gegebenen Informationen entstehen, kann dennoch keine Haftung übernommen werden.

Inhalt

(Foto: Shutterstock.com/Pefkos)

Über das Leben mit *Freigängern*

Das eigene Haustier möglichst natürlich und artgerecht halten – dieser Gedanke steckt meist hinter dem Wunsch, seiner Katze Freigang zu ermöglichen. Katzen, die hinaus in die Natur dürfen, können fernab der Kontrolle durch den Menschen ihren ursprünglichen Bedürfnissen nachgehen. Dazu gehört das Streunen im Revier ebenso wie die Pflege von Sozialkontakten, das Mäusefangen oder einfach nur das Dösen in der Sonne – welch ein Katzenleben!

Das Raubtier im Kuschelpelz

Die Kombination aus Eigenständigkeit und Anhänglichkeit ist für viele Menschen das besonders Faszinierende an ihrer Katze. Denn obwohl es für die meisten Samtpfoten nichts Schöneres gibt, als frei durch die Natur zu streifen, kehren sie doch normalerweise täglich wieder zurück ins vertraute Heim zu ihren Menschen. Typisch für die Katze als Raubtier ist dabei nicht nur ihre Ausdauer, die sie stundenlang vor einem Mäuseloch verharren lässt, oder ihre Agilität, mit der sie ihre Beute innerhalb kürzester Zeit zur Strecke bringen kann. Auch der Schlaf zur Erholung von der anstrengenden Jagd ist ein wichtiges Element ihres Lebens. Katzen verbringen etwa

Katzen verbringen etwa zwei Drittel des Tages dösend oder schlafend – auch draußen. (Foto: Shutterstock.com/Robert van der Eng fotografie)

zwei Drittel ihrer Lebenszeit mit Dösen, Ruhen und Schlafen, was ihnen den Ruf als besonders pflegeleichtes Haustier eingebracht hat.

Freigänger erleben auf ihren Ausflügen viele Abenteuer, die mitunter auch mal gefährlich werden können. (Foto: Schneider)

Tatsächlich sind viele Samtpfoten mit Freigang beinahe Selbstversorger: Beschäftigung, Sozialkontakte und Nahrung finden sie draußen zumindest in den wärmeren Monaten mehr als ausreichend. Am Ende eines erlebnisreichen Tages ist der Mensch dann genau der richtige Partner für ausgedehnte Schmusestunden.

Nichts für schlechte Nerven

Das Leben mit einer Freigängerkatze ist jedoch nicht so einfach, wie es zunächst erscheint. Mit dem Öffnen der Haustür wird man als Mensch mit Problemen konfrontiert, die über das Kratzen an der Tapete, das Klauen vom Tisch oder andere Unarten hinausgehen. Mit dem Öffnen der Tür entlassen wir unsere Tiere in eine Welt, die sowohl spannend als auch gefährlich sein

Eine gute Vorbereitung von Katze und Mensch ist Pflicht vor dem Abenteuer Freigang. (Foto: Shutterstock.com/igor.stevanovic)

kann. Neben aufregenden Abenteuern in der Natur lauern Gefahren wie Autos, Hunde und auch nicht so nette Menschen auf unsere Samtpfoten. Viele Gefahren kann man eindämmen, aber nie ganz ausschalten. So gehört die Sorge um das Wohl seiner Katze zum Alltag eines Freigängerhalters unweigerlich dazu.

Hinzu kommt die besondere Verantwortung gegenüber Mitmenschen und fremden Tieren. Der geklaute Fisch aus dem Gartenteich des Nachbarn, die Kampfwunden der fremden Katze und der Auffahrunfall durch ein das Katzenleben rettendes Bremsmanöver seien nur beispielhaft genannt. Kleinere und größere Blessuren, Parasiten wie Zecken und Flöhe oder die noch halb lebendige Beute verlangen außerdem oft nach starken Nerven – ebenso wie Suchaktionen, die unvermeidlich auf jeden Besitzer eines Freigeistes auf vier Pfoten warten.

Wie man als Katzenhalter mit den kleineren und größeren Problemen des Freigangs umgeht und den gemeinsamen Alltag mit seiner Katze gestaltet, ist dabei oft eine Frage der Umstände sowie des individuellen Geschmacks und hängt natürlich auch ganz besonders von der eigenen Katze ab. Ob diese lieber tagsüber auf Mäusefang geht oder dazu die Dunkelheit der Nacht nutzt, sich im Sommer nur kurz zum Fressen sehen lässt oder ganzjährig den heimischen Garten kaum verlässt, ist kaum vorhersehbar. Was sich aber planen lässt, sind die Umstände des Freigangs und wie dieser am besten vorbereitet wird. Denn eines ist sicher: Hat die Katze erst einmal den Duft der Freiheit geschnuppert, will sie den Freigang in der Regel nie wieder missen. Die Entscheidung für diese naturnahe Haltungsform ist darum meist eine endgültige und will gut überlegt sein.

(Foto: Shutterstock.com/Sari O'Neal)

Die Katze, das wilde *Wesen*

*B*ei vielen Katzen mit Freigang ist der Mix aus Wildheit und Schmusebedürfnis besonders ausgeprägt zu erleben. Verlangte die Katze gerade eben noch schnurrend und um die Beine streichend nach Futter, sitzt sie vielleicht schon im nächsten Moment gebannt vor einem Mauseloch – ein wilder, scheuer Jäger, der sich draußen kaum ansprechen, geschweige denn anfassen lässt. Dass die Katze sich oft von dieser wilden Seite zeigt, liegt nicht zuletzt an ihrer Herkunft. Mit ihren wilden Verwandten teilt die Hauskatze auch nach mehreren Tausend Jahren des Zusammenlebens mit dem Menschen noch einige Gemeinsamkeiten. Möchte man verstehen, warum unsere zahmen Samtpfoten sich besonders im Freigang so zeigen, wie sie es tun, hilft ein Blick auf ihre Vorfahren.

Ein Einwanderer aus Afrika

Vermutlich stammt die Hauskatze von der in Nordafrika lebenden Falbkatze (*Felis silvestris lybica*) ab, die sich vor mindestens 3000 Jahren in Ägypten dem Menschen anschloss.

Als Ackerbauern verfügten die Ägypter über große Kornvorräte, die sie vor hungrigen Nagern schützen mussten. Die Jägerin Katze wurde deshalb als Schädlingsbekämpfer sehr gern gesehen.

Die afrikanische Wildkatze ist der Vorfahre unserer Hauskatze. (Foto: Shutterstock.com/EcoPrint)

Mit der Zeit stieg sie vom Nutztier zum Gesellschaftstier auf und wurde nach den Wünschen der Menschen gezüchtet. Zahlreiche Katzenrassen leben darum heute mit uns zusammen, die sich im Aussehen und im Charakter unterscheiden. Doch nur wenige Katzen wurden durch die züchterische Auslese so verändert, dass sie allein in der Natur kaum überleben würden oder aber erst gar keinen Drang nach draußen entwickeln. In den meisten Katzen steckt immer noch das wilde kleine Raubtier, das schon vor Tausenden von Jahren Mäuse für seine Menschen jagte.

Allen Zuchtentwicklungen zum Trotz steckt auch in der typvollsten Rassekatze noch ein Raubtier mit mehr oder weniger ausgeprägtem Freiheitsdrang. (Foto: Schneider)

Von Grund auf sozial

Im Gegensatz zu Löwen, die in Gemeinschaft Beutetiere erlegen, die mitunter wesentlich größer sind als sie selbst, jagt die Katze ihre vergleichsweise kleine Beute allein. Darum streift sie oft einzeln durch die Natur, um ihrer nächsten Mahlzeit in Ruhe auflauern zu können. Dieses Verhalten hat der Katze den Ruf als Einzelgängerin eingebracht. Doch eine solche ist sie mitnichten. Während die meisten Wildkatzen in der Tat Einzelgänger sind und ihre Reviere au-

Von wegen Einzelgänger: Die meisten Katzen sind von Natur aus sehr gesellig. (Foto: Shutterstock.com/Valery Kraynov)

ßerhalb der Paarungszeit gegenüber Artgenossen verteidigen, bildet die Hauskatze hier eine Ausnahme. Zwar gibt es ausgesprochene Einzelgänger unter ihnen, die keine anderen Katzen neben sich dulden, die meisten Katzen sind jedoch überaus gesellig.

Das zeigt sich vor allem bei großen Katzenansammlungen wie beispielsweise auf Bauernhöfen oder an Futterstellen für herrenlose Hauskatzen. Hier treffen viele Tiere auf kleinem Raum zusammen und verhalten sich in der Regel friedlich, solange genügend Ressourcen wie Wasser, Futter und Ruheplätze vorhanden sind. Die Katzengruppen unterliegen dabei keinem bestimmten Sozialgefüge, sondern die Kontakte gestalten sich recht individuell.

Größere Katzengruppen bestehen meist entweder aus weiblichen Katzen und dem weiblichen Nachwuchs, aus Kastraten oder einer Mischung aus beidem.

Männlicher Katzennachwuchs wird mit fortschreitender Entwicklung von der Mutter verstoßen, um Inzucht zu vermeiden. Dabei bilden sich häufig Bruderschaften aus jungen Katern, die gemeinsam durch die Gegend streifen, kein eigenes Revier besitzen und sich auch nicht fortpflanzen. Sie sind die „Prügelknaben" der älteren Kater und müssen sich ihr Revier und Katzengesellschaft

Weibliche Kätzchen bleiben oft auch im Erwachsenenalter bei ihrer Mutter. (Foto: Shutterstock.com/Anastasija Popova)

erst noch verdienen. Nicht nur Katerbrüder verbinden sich zu kleinen Gemeinschaften, auch fremde, ähnlich alte Kater kommen auf diese Weise zusammen. Bleiben diese Tiere potent, trennen sie sich normalerweise im Alter von drei bis vier Jahren und gehen eigene Wege. Kastrierte Tiere nehmen in Katzengruppen eine neutrale Sonderstellung ein und bilden oft eigene Verbindungen. Junge weibliche Katzen verbleiben oft bei ihren Müttern und versorgen mit diesen zusammen ihren eigenen Nachwuchs. Oder sie suchen sich irgendwann ihr eigenes Revier, das sie vehement gegen Artgenossen verteidigen.

Individualisten auf vier Pfoten

Da in Wohnsiedlungen oft viele Katzen-Individuen aufeinandertreffen, kommt es hier eher selten zur Gruppenbildung, dafür aber häufig zu Streitigkeiten. Manchmal entwickeln sich auch Freundschaften und es gibt kurzzeitige gemeinschaftliche Katzentreffen. Eine erste Begegnung zwischen zwei fremden Katzen beginnt meist mit einer vorsichtigen Annäherung, die selten in eine spontane Freundschaft mündet, sondern eher mit Knurren, Fauchen und eventuell mit Pfotenhieben beendet wird. Hier sollten Katzenhalter nicht eingreifen, sondern die Katzen dies unter sich regeln lassen. Gut sozialisierte Katzen und Kater regeln solche Begegnungen häufig schnell und ohne größere Kämpfe. Ist die eigene Katze zu schüchtern, um fremde Katzen aus ihrem Revier zu vertreiben, darf der Mensch ihr diesen Part aber gern abnehmen.

Bei heftigeren Kämpfen, die sich durch warnendes Jaulen ankündigen und häufig in einem kreischenden Fellknäuel enden, ist ebenfalls der Mensch gefragt, die Katzen vor größeren Verletzungen zu schützen. Um selbst nicht verletzt

Ob die Katze sozial veranlagt ist, bestimmen sowohl Gene als auch Erziehung. (Foto: Schneider)

Auch wenn es gefährlich aussieht: In einen solchen Streit sollte man sich als Katzenbesitzer besser nicht einmischen. In den meisten Fällen klären Katzen ihre Auseinandersetzungen rasch und ohne größere Blessuren. (Foto: Shutterstock.com/Petrenko Andriy)

zu werden, nimmt man als Hilfsmittel zum Beispiel Wasser aus einem Gartenschlauch oder Eimer.

Selten kommt es vor, dass zwei Katzen sich immer wieder heftig streiten. Dann hilft nur, sich mit dem Halter der anderen Katze abzusprechen und die Streithähne nur abwechselnd in den Freigang zu entlassen.

Wie die eigene Katze im Freigang auf andere Katzen reagiert, entscheiden ihre Gene und die Sozialisation. Gesellige Katzeneltern haben oft geselligen Nachwuchs. Wichtig ist aber auch die Phase zwischen der zweiten und siebten Lebenswoche, in der die jungen Kätzchen lernen, wer Feind und wer Freund ist. Später wird das ererbte und erlernte Verhalten verfestigt und bestimmt darüber, ob die Katze gesellig ist, andere Katzen toleriert oder diesen gegenüber feindlich gesinnt ist.

Dies ist auch situationsabhängig, denn eine feste Rangordnung gibt es bei Katzen nicht. Normalerweise richtet sich die Hierarchie unter Katzen danach, wer zuerst den attraktivsten Platz oder den Futternapf erreicht hat, sodass sie sich mitunter von einer Minute zur anderen ändern kann. Viele Katzen haben deshalb einen streng geordneten Tagesablauf, an dem sie sich orientieren und den der Mensch (nach Möglichkeit) unterstützen sollte. Der Wechsel von Futter- und Liegeplätzen nach festen Regeln vermeidet Streitigkeiten. Auch Freigängerkatzen mögen deshalb einen geregelten Tagesablauf, den sie mithilfe einer Katzenklappe selbstbestimmt verwirklichen können.

Auf ihren Streifzügen erbeuten viele Freigänger Mäuse, Ratten und anderes Getier, das sie auch gern mit nach Hause bringen. (Foto: Shutterstock.com/Denis Nata)

Hier regiert die Katze

Wie lange und wie weit sich die Katze beim täglichen Freigang von ihrem Zuhause entfernt, ist ebenso individuell verschieden wie das Verhalten, das sie anderen Katzen gegenüber an den Tag legt. Wenige Katzen fühlen sich nur in den Grenzen des heimischen Gartens sicher; die meisten beanspruchen ein Revier weit über diese Grenzen hinaus.

Dabei besteht das Katzenrevier aus dem festen Zuhause, in dem die Katze ruht und frisst, und aus einem Streifgebiet, in dem sie jagt, Sozialkontakte pflegt oder kämpft. Das Streifgebiet wird zwar regelmäßig kontrolliert und markiert, aber nicht so vehement verteidigt wie das heimische Gefilde. Gerade in dicht bebauten Gebieten ist es unmöglich, dass jede Katze ihr eigenes Revier besitzt, weshalb Katzen sich die Gärten nach ihren eigenen individuellen Gesetzen aufteilen und diese gemeinsam oder zu unterschiedlichen Zeiten nutzen.

Das Revier einer Freigängerkatze umfasst im Durchschnitt etwa einen halben bis einen Quadratkilometer, wobei kastrierte Tiere eher kleinere Reviere besitzen, potente dagegen wesentlich weiter streunen. Vor allem die weiblichen Tiere verteidigen allein oder in der Gruppe ihr streng abgetrenntes Revier gegen Artgenossen und dulden höchstens einzelne Kater. Kater hingegen haben weniger streng definierte Reviere, die sich oft mit den Revieren mehrerer Weibchen überlappen. In welchem Radius sich die eigene Freigängerkatze bewegt, lässt sich nicht genau vorhersagen, und wenn überhaupt, dann nur durch Beobachtung und aufmerksame Nachbarn herausfinden.

Aus die Maus

Oft bringt die Katze ihrem Menschen von ihren täglichen Streifzügen etwas mit. Warum sie dies tut, konnte noch immer nicht endgültig geklärt werden. Doch ob man es nun als Liebesbeweis, als Beitrag zur Familienernährung oder als lästiges Übel sehen will – fest steht, dass die Katze sich nur schwer davon abhalten lassen wird, ihre Beute mit uns zu teilen. Manchmal hat man auch den Eindruck, die Katze bringt das leblose „Spielzeug" mit der Bitte um Reparatur ins Haus.

Wer eine Katzenklappe besitzt, hat dabei das Nachsehen, denn so kann die Katze unbemerkt vor allem Mäuse, manchmal aber auch Ratten und Vögel, halb verwest oder quicklebendig, in die Wohnung schaffen und dort verspeisen oder ihrem Schicksal überlassen.

Der Katze das Jagen abzugewöhnen ist leider unmöglich. Dennoch kann man einiges zum Schutz der Beutetiere tun. Das Glöckchen am Halsband ist allerdings nicht der richtige Weg. Es wird die Katze höchstens nerven, als kluge Jägerin aber nicht von der erfolgreichen Jagd abhalten. Sinnvoller ist es, Vögeln und anderen Tieren im Rahmen der eigenen Möglichkeiten vor der Katze geschützte Nist- und Futterplätze anzubieten. Für die Sicherung besonders geeignet sind unter anderem Schutzgürtel, die am Baumstamm befestigt werden und die Katze vom Hinaufklettern abhalten.

Baumschutzgürtel sind ein effektiver Schutz für Vögel und sollten unterhalb von Nistkästen oder Futterhäuschen angebracht werden. (Foto: Halver)

(Foto: Shutterstock.com/Pavels Rumme)

Die *Freigängerkatze* zu Hause

Bevor man das natürliche Verhalten des eigenen kleinen Wildlings draußen beobachten kann, sind einige Vorbereitungen nötig, damit die Lust am Freigang nicht zum Frust für Katze und Halter wird. Von seinem Zuhause aus wird der kleine Freigeist sein neues Revier erkunden. Deshalb sollte er sich von Anfang an dort heimisch fühlen und bestens versorgt wissen.

Ein Zuhause zum Wohlfühlen

Damit eine Katze sich in ihrem Zuhause rundum geborgen fühlt, braucht sie eigentlich nicht viel außer Futter und Wasser, einen liebevollen Menschen und einen kuscheligen Rückzugsort. Vielen weiteren Lebensbedürfnissen wie Bewegung, Abwechslung und Spiel kommt die Freigängerkatze meist sowieso draußen nach.

Doch auch wenn viele Freigänger ihr Geschäft ohnehin nur draußen verrichten und ihre Krallen nur an echten Bäumen schärfen, sollte man auf eine Katzentoilette und einen Kratzbaum als Grundausstattung nicht verzichten.

Das stille Örtchen

Eine Katzentoilette wird von den meisten Freigängern vor allem im Winter gern genutzt, wenn draußen der Boden gefroren ist und die

Auch Freigänger freuen sich über eine Kratzmöglichkeit im Haus. (Foto: Schneider)

Ausscheidungen somit nur schlecht verscharrt werden können. Zudem gehen viele Katzen im Winter generell nur ungern hinaus und ziehen das Katzenklo im Warmen schon allein aus Bequemlichkeit dem Freiluftpissoir vor. Manche Katzen kommen sogar extra ins Haus, um ihr Geschäft zu verrichten, weil sie sich dort sicherer fühlen oder es als ehemalige Wohnungskatzen nicht anders kennen. Ein weiterer Vorteil des ganzjährig zur Verfügung stehenden Katzenklos ist, dass die Katze im Krankheitsfall – beispielsweise bei Durchfall oder Erkrankungen, bei denen sie im Haus bleiben muss – immer gleich ein Klo zur Verfügung hat, das sie im Notfall aufsuchen kann und an das sie sich nicht erst noch gewöhnen muss. Bei mehreren Katzen sollte man außerdem mehrere Katzenklos an verschiedenen Orten aufstellen.

Krallenpflege zu Hause

Auch ein Kratzbaum leistet immer gute Dienste, denn das Kratzen an Gegenständen ist ein natürliches Bedürfnis der Katze, das sie auch im Haus ausleben möchte. Das Kratzen dient dabei nicht nur der Krallenpflege, bei der abgestorbene Hornhüllen abgestreift werden, sondern auch der Reviermarkierung. Gekratzt wird darum vor allem an strategisch sinnvollen Stellen. So sind beispielsweise Durchgänge wie Türen oder Fenster sehr attraktiv, aber auch in der Nähe des Schlafplatzes wird nach dem Erwachen gern und ausgiebig gekratzt. Zwar muss es für diese Zwecke nicht unbedingt der größte und teuerste Kratzbaum sein. Eine geeignete Kratzmöglichkeit – und sei es nur ein Sisalbrett an der richtigen Stelle – schont die Möbel jedoch oft ungemein.

Gefährliche Fenster

Eine Kippfenstersicherung ist ein Muss, wenn man zum Lüften die Fenster nicht komplett öffnet, sondern kippt. Auch wenn normalerweise kein großes Interesse am gekippten Fenster besteht: Es reicht eine unbeaufsichtigte Minute, damit ein Freigänger beim Versuch, nach draußen oder drinnen zu gelangen, im Fenster hängen bleibt und schwerste Verletzungen erleidet.

Einfache Wege zum Glück

Ein Freigänger stellt an die Wohnungsgestaltung weniger hohe Anforderungen als eine reine Wohnungskatze. Dennoch verbringen viele Samtpfoten trotz Möglichkeit zum Ausgang gern viel Zeit im Haus. Das liegt entweder am Charakter der Katze oder ist schlicht und ergreifend als Kompliment an das gemütliche Heim von Herrchen und Frauchen zu werten. Damit es der Katze dort rundum gut geht, kann man ihr zusätzlich zu dem schon angesprochenen Zubehör mit weiteren recht einfachen Mitteln eine Freude machen. Ein schöner Sitzplatz am Fensterbrett beispielsweise wird von den meisten Tieren gern genutzt.

Gemütliche Liegeplätze an verschiedenen Orten, bevorzugt an erhöhten Plätzen, sind ebenfalls sehr beliebt. Ein sogenannter Catwalk oder an den Wänden angebrachte Regale, Kommoden und andere Möglichkeiten, die dritte Dimension für die Katze zu erschließen, erhöhen die Attraktivität des Wohnraums zusätzlich. Und selbstverständlich darf auch für einen ausgesprochenen Freigeist ein wenig Spielzeug nicht fehlen. Natürlich gibt es individuelle Vorlieben, was regelmäßig bespielt wird und was eher in der Ecke verstaubt. Katzenangel und Spielzeugmaus kommen jedoch meistens gut an. Mit der Angel sollte die Katze allerdings nicht allein spielen, weil die Gefahr des Strangulierens besteht.

Meist sind es die einfachen Dinge, mit denen man seine Katze glücklich machen kann. Eine kunstvoll verzierte Schüssel ist vielleicht für den Halter eine Augenweide, der Katze ist es aber relativ egal, ob sie von feinstem Porzellan oder vom günstigen Teller speist. Ebenso muss

Von der Fensterbank aus lässt sich auch bei schlechtem Wetter das Revier überblicken. (Foto: Shutterstock.com/Nadinelle)

Spielzeugmaus und Co. sind bei den meisten Katzen sehr beliebt. (Foto: Shutterstock.com/Alvaro Pantoja)

es nicht das Luxuskatzenbettchen sein; auch mit einer kuscheligen alten Decke sind Katzen zufrieden. Ein paar alte Handtücher an den bevorzugten Liegeplätzen leisten außerdem gute Dienste, wenn die Katze nach einem regnerischen Tag mit schmutzigen Pfoten heimkehrt und sich auf Sofa und Co. niederlässt.

So viel Zeit muss sein

Katzen sind sehr reinliche und als Freigänger oft auch recht unkomplizierte Haustiere. Dennoch kann man nicht behaupten, dass Freigänger pflegeleichter wären als ihre ausschließlich in der Wohnung gehaltenen Artgenossen. So bringt die Katze in ihrem Fell und an den Pfoten so manches Mitbringsel nach Hause – von Schlamm und Dreck bis hin zu Parasiten wie Zecken und Flöhen. Gerade bei langhaarigen oder weißen Tieren hat man schnell seine liebe Mühe mit der Fellpflege. Bei starkem Sonnenschein kommt bei Katzen mit weißen Ohren und entsprechend heller Haut hinzu, dass man ihre Ohren vor dem Freilauf mit unparfümierter Sonnencreme vor Hautkrebs schützen muss, was die wenigsten Tiere gern geschehen lassen.

Andererseits sind Freigänger nicht besonders zeitintensiv, was die Beschäftigung angeht; schließlich ist die Natur für sie der beste Ort, sich beim Mäusefangen oder beim Zusammentreffen mit Artgenossen auszutoben.

Ein tägliches Ritual in jedem Katzenhaushalt ist die Fütterung, zu der Katze und Mensch etwa

Weiße Katzen benötigen im Sommer einen Sonnenschutz auf den Ohren, um Hautkrebs zu vermeiden. (Foto: Schneider)

zwei- bis dreimal am Tag zusammenkommen. Hier bietet sich die Gelegenheit für einen kurzen Gesundheitscheck. Hat die Katze einen gesunden Appetit oder zeigt sie Auffälligkeiten? Ist alles in Ordnung, geht es für viele Samtpfoten nach der ersten Fütterung des Tages frisch gestärkt nach draußen. Das Revier wird erkundet und dabei meist auch die Morgentoilette erledigt. Auch wenn man als Freigängerhalter von seiner Katze oft verwöhnt ist, was die Reinigung des Katzenklos angeht, gehört die regelmäßige Kontrolle zu den unverzichtbaren Aufgaben. Schließlich bevorzugen auch Freigänger im Haus einen sauberen Platz für ihr Geschäft. Ebenso müssen die Näpfe der Katze täglich gereinigt und tote Beutetiere oder Teile davon nach dem Streifzug der Katze eingesammelt und entsorgt werden – eine Tätigkeit, für die man manchmal einen starken Magen braucht.

Die täglichen Streichel- und Spieleinheiten dienen bei Freigängerkatzen nicht nur der Bindung zwischen Mensch und Katze. Nebenbei sollte man kontrollieren, ob die Katze Zecken oder anderes Getier in ihrem Fell mitgebracht hat, ob Verletzungen sichtbar sind oder ihr Verhalten auf eine Erkrankung hindeutet. Langhaarige Tiere müssen außerdem regelmäßig gebürstet werden.

Kurzhaarige hingegen benötigen nur bei starken Verschmutzungen und eventuell beim Fellwechsel im Frühjahr und im Herbst etwas Unterstützung mit einer weichen Bürste oder im Notfall unter Zuhilfenahme von Babyshampoo, denn stärkere Verschmutzungen kommen

Regelmäßiges Bürsten ist nur bei langhaarigen Tieren wirklich notwendig. (Foto: Schneider)

bei Freigängern ab und an vor. Es lohnt sich, die Katze schon so früh wie möglich an die Streichel- und Pflegeeinheiten zu gewöhnen, damit es später keine Probleme gibt. Ab und an ein wenig Butter oder Malzpaste und im Winter auch frisches Katzengras helfen der Katze, die beim Putzen verschluckten Haare ausscheiden zu können.

Ein regelmäßiger Blick ins Maul der Katze ist unerlässlich, um frühzeitig Zahnprobleme erkennen zu können. Die Pflege ihres Gebisses übernehmen Freigängerkatzen selbst durch das Zerbeißen von Mäusen mit Haut und Knochen. Unterstützend kann man hier Leckerchen anbieten, bei denen die Katze viel kauen muss, zum Beispiel rohes Rindfleisch in größeren Stücken oder getrocknetes Fleisch.

Mahlzeit!

Fleisch ist die Grundlage einer gesunden und artgerechten Katzenernährung. Die Katze ist ein sehr spezialisierter Fresser; als Freigänger nimmt sie mit jedem Beutetier eine vollwertige Mahlzeit zu sich. Doch auch wenn die Maus draußen eine willkommene Abwechslung auf dem Speiseplan ist und auch mal eine Mahlzeit ersetzen kann: Hauptsächliche Futterquelle für die Hauskatze ist der gefüllte Napf zu Hause. Unsere Aufgabe besteht also darin, die natürliche Nahrung der Katze so gut es geht auch in den Napf zu füllen. Das gilt für hochwertiges Fertigfutter, das vor allem aus tierischen Bestandteilen bestehen sollte, ebenso wie für selbst gekochtes Futter oder Rohfutter.

Bei Verzicht auf Dosen- und Trockenfutter ist ein gutes Maß an Fachwissen notwendig, um Mangelerscheinungen oder auch Überversorgungen mit bestimmten Vitaminen oder Mineralstoffen zu vermeiden. Gute Literatur insbesondere zum Barfen (B.A.R.F. steht für biologisch artgerechte Rohfütterung) ist als Hilfestellung sehr zu empfehlen (siehe auch Seite 78). Immerhin verzeihen Freigängerkatzen kleinere Fütterungsfehler schnell, da sie ihre Mahlzeiten durch die beste Katzennahrung der Welt selbst ergänzen: Mäuse.

Fertigfutter enthält in der Regel alle wichtigen Nährstoffe in guter Zusammensetzung. Dennoch gibt es große Qualitätsunterschiede sowohl beim Nass- als auch beim Trockenfutter. Speziell kostengünstiges Trockenfutter weist einen hohen Anteil pflanzlicher Inhaltsstoffe auf, die für die Katze nicht verwertbar und sogar ungesund sind.

Nassfutter mit hohem Fleischanteil eignet sich hingegen wesentlich besser zur täglichen Katzenernährung, da Katzen ihren Flüssigkeitsbedarf hauptsächlich über die Nahrung abdecken und nur wenig trinken. Mit Nassfutter, dem bei Bedarf noch zusätzlich etwas Wasser hinzugefügt werden kann, decken Katzen bereits den Großteil ihres Flüssigkeitsbedarfs, was Nierenproblemen vorbeugt. Das ist für Freigänger mitunter wichtig, wenn sie draußen einmal keinen Zugang zu frischem Wasser haben. Es kann fatale Folgen haben, wenn der Durst dann mit dem Wasser aus der Gieskanne des Nachbarn gestillt wird, der für seine Blumen immer reichlich Dünger ins Wasser mischt. Darum sollte man als Freigängerhalter nicht nur im Haus, sondern auch draußen für seine Katzen Trinkmöglichkeiten zur Verfügung stellen, auch wenn diese mitunter abgestandene Pfützen oder Wasser aus dem Gartenteich dem frisch gefüllten Wassernapf vorziehen.

Viele Katzen haben ganz besondere Vorstellungen von einer geeigneten Trinkquelle.
(Foto: Shutterstock.com/Joop Snijder Photography)

Die Wahl des richtigen Futters will wohl überlegt sein, denn Inhaltsstoffe wie Zucker, Farbstoffe, Konservierungsmittel und diverse Zusatzstoffe können die Katze langfristig krank werden lassen. Auf der anderen Seite ist ein gutes Futter ein aktiver Beitrag zur Förderung eines langen, gesunden Katzenlebens.

Zu Hause schmeckt es am besten

Für welche Fütterung auch immer man sich entscheidet: Grundsätzlich empfiehlt es sich, mehrere Futtersorten im Wechsel zu füttern, um keinen Spezialisten heranzuziehen, der nach einer Rezepturänderung seines Lieblingsmahls in den Hungerstreik tritt. Das ist manchmal leichter gesagt als getan, denn viele Katzen schaffen es recht schnell, ihren Menschen dazu zu bringen, nur noch die Lieblingsdose zu öffnen. Gerade bei Freigängern kann das ungewünschte Folgen haben. Denn es ist nie auszuschließen, dass die Katze auch in der Nachbarschaft mal etwas zu fressen bekommt. Und wer möchte schon mit seinen Nachbarn in Konkurrenz treten, wer diesmal die bessere Dose aufmacht?

Da ist es hilfreich, einen weniger mäkeligen Fresser zu haben, der zu Hause alles frisst, was man ihm anbietet, und bei den Nachbarn dann im besten Fall schon satt ist und höchstens mal ein Häppchen verspeist. In dieser Hinsicht sinnvoll sind auch feste Fütterungszeiten und keine ständige Verfügbarkeit des Futters zu Hause. Was die Katze nach 30 Minuten nicht gefressen hat, wird weggeräumt. Keine Sorge, sie wird nicht verhungern – und ein Freigänger erst recht nicht. Lediglich regelmäßig fütternde Nachbarn können einem den Erziehungserfolg vermiesen und sollten daher freundlich in die Schranken gewiesen werden.

Pünktlich an den Napf

Feste Fütterungszeiten haben noch den weiteren Vorteil, dass die meisten Katzen zu diesen Zeiten gern und zuverlässig nach Hause kommen. Der gefüllte Napf ist ein attraktives Argument, um sich mal wieder bei Frauchen und Herrchen sehen zu lassen. Das heißt übrigens nicht, dass es jeden Tag um Punkt sieben Uhr vor der Arbeit etwas zu fressen geben muss, denn dann bestehen Samtpfoten auch am Wochenende auf diese Zeit. „Feste Zeit" kann auch eine Zeitspanne von etwa zwei Stunden morgens und abends bedeuten. Katzen können zwar sehr pünktlich sein, sie können sich aber auch an gewisse

Füttert der Nachbar, freut sich die Katze – der Katzenbesitzer allerdings eher weniger. (Foto: Schneider)

Freigängerkatzen sollten ihrem Besitzer vertrauen. (Foto: Shutterstock.com/Wollertz)

Der Hunger treibt jede Katze regelmäßig wieder nach Hause. (Foto: Shutterstock.com/Peter Radacsi)

Zeitspannen gewöhnen, zu denen sie sich dann zumindest in der Nähe aufhalten – vorausgesetzt, sie haben nichts Wichtigeres vor.

Kein Freigang ohne Bindung

Kommt eine Katze neu ins Haus, sollte sie nicht ins Freie gelassen werden, bis eine Bindung an ihren Menschen und das neue Zuhause aufgebaut ist. Wie lange dies dauert, ist von Katze zu Katze unterschiedlich. Ist man sich noch unsicher, was die Bindung betrifft, sollte die Tür lieber etwas länger geschlossen bleiben. Zu groß ist sonst die Gefahr, dass die Katze von ihrem ersten Ausflug nicht zurückkehrt.

Der kontrollierte Freilauf kann ein Kompromiss zwischen Katze und Halter sein, wenn die Katze sich erst an eine neue Umgebung gewöhnen muss oder wenn sie aus anderen Gründen das Haus nicht selbstständig verlassen soll. Zwar geben sich die wenigsten Katzen, die Freigang bereits kennen, mit einem Platz am gesicherten Fenster zufrieden. Ein solches bietet aber neuen Katzen immerhin eine gute Möglichkeit, die Welt außerhalb der Wohnung nicht nur durch das geschlossene Fenster zu betrachten, sondern auch intensiv zu erschnuppern. Am besten eignet sich dafür ein eingenetzter Balkon, den man mit Kratzbäumen und Töpfen mit Katzengras katzengerecht gestalten kann, um somit die Wartezeit etwas zu verkürzen. Im Fachhandel sind zur Sicherung von Fenstern und Balkonen spezielle Netze erhältlich, die angeschraubt oder mithilfe von Teleskopstangen und anderen Haltevorrichtungen je nach Bausubstanz befestigt werden können.

Ein Freigehege bietet keinen Ersatz für echten Freigang, ist aber manchmal ein guter Kompromiss. (Foto: Gomez Ringe)

Das Gehege im Garten

Manche Katzenbesitzer haben mit einem komplett oder teilweise eingezäunten Garten gute Erfahrungen gemacht. Für ein solches Freigehege reicht ein normaler Gartenzaun jedoch in der Regel nicht aus, um einen Ausbruch zu verhindern. Der Zaun muss für diesen Zweck nicht nur mindestens eineinhalb Meter hoch sein, sondern zudem oben nach innen abgewinkelt, damit kletterfreudige Katzen nicht herauskommen. Besonders sicher ist ein Netz, Gitter oder Dach über dem gesamten Gehege. Bäume und andere Klettermöglichkeiten, mit deren Hilfe die Katze den Zaun überwinden könnte, müssen mindestens zwei Meter vom Zaun entfernt sein.

Diese Variante des kontrollierten Freilaufs ist mit richtigem Freigang natürlich nicht zu vergleichen, sondern stellt lediglich eine Vergrößerung des Wohnraums der Katze dar. Sinnvoll kann ein Freigehege sein, wenn man die eigene Katze zu bestimmten Zeiten oder im Krankheitsfall nicht unkontrolliert hinauslassen kann, ihr aber in dieser Zeit trotzdem frische Luft und etwas Auslauf gönnen möchte, ohne ständig dabei sein zu müssen.

Beim Auslauf an der Leine bestimmt die Katze das Tempo. (Foto: Shutterstock.com/Nelli Shuyskaya)

Gassi gehen mit dem Stubentiger

Eine günstige, aber zeitintensive Lösung für den kontrollierten Freilauf ist die Verwendung einer Katzenleine. Im Handel gibt es spezielle Geschirre. Aus einfachen Modellen können sich die meisten Katzen allerdings im Ernstfall schnell befreien. Deshalb sollte man bei der Auswahl besonderes Augenmerk auf die Sicherheit und Verarbeitung legen.

Die Gewöhnung der Katze an die Leine muss mit äußerster Vorsicht erfolgen. Katzen wissen ja nicht, dass sie damit Freiheiten erhalten sollen, sondern empfinden das Geschirr im Gegenteil oft als sehr unangenehm und einschränkend. Positive Bestärkung mit Leckerchen und Streicheleinheiten, wenn die Katze sich das Geschirr ganz langsam und Schritt für Schritt anlegen lässt, wirken Wunder. Nach dem ersten Anlegen des Geschirrs geht es aber nicht sofort nach draußen. Erst wenn sich die Katze mit dem Geschirr sicher in der Wohnung bewegt und dieses nicht mehr als Einschränkung empfindet, was unter Umständen einige Tage dauert, kann man die Leine einhaken und den Weg nach draußen öffnen – hier bestimmt allerdings die Katze Tempo und Richtung. Zwar kann man versuchen, seine Katze sanft in eine bestimmte Richtung zu lotsen, das funktioniert aber nicht immer.

Kontrollierter Freigang ist für Katzen, die es gewohnt sind, frei durch die Gegend zu streifen, meist recht unbefriedigend. Darum ziehen viele Halter diese Möglichkeit auch nur selten in Betracht. Falls die Katze aber zum Beispiel aus Krankheitsgründen nicht mehr allein hinausdarf, ist der eingeschränkte Auslauf für alle Beteiligten ein guter Kompromiss. Wichtig ist nur, dass die Katze dann schon daran gewöhnt ist und sich in der ohnehin ungewohnten Situation nicht noch zusätzlich umstellen muss.

Mitnehmen im Reisegepäck oder vorübergehend in Pflege geben – besonders bei Freigängern ist die Entscheidung schwierig. (Foto: Shutterstock.com/Serg64)

Wohin im Urlaub?

Was passiert mit der Katze, wenn die Zweibeiner verreisen? Unabhängig davon, ob die Katze nach draußen darf oder reine Wohnungshaltung gewohnt ist: Der Halter muss sich entscheiden, ob er die Katze im gewohnten Zuhause versorgen lässt, zu Freunden oder in eine Pension bringt oder zum Urlaubsort mitnimmt.

Gibt es keine Katzenklappe im Haus oder fest geregelte Fütterungszeiten, ist es für den Katzensitter ein Glücksspiel, wann er seinen Schützling antrifft. (Foto: Shutterstock.com/Katarzyna Mazurowska)

Für die Katze bedeutet es am wenigsten Stress, wenn sie einfach zu Hause bleiben kann. Doch die Versorgung kann sich schwierig gestalten, wenn es keine Katzenklappe gibt und der „Pflegedienst" die Katze nicht antrifft. Das Futter einfach vor die Tür zu stellen ist keine Lösung, da andere Tiere angelockt werden und die Pflegekatze bei ihrer Heimkehr unter Umständen nur noch einen leeren Napf vorfindet. Zudem ist es wichtig, dass die Betreuungsperson sich mindestens einmal am Tag davon überzeugt, dass es der Katze gut geht und ihr nicht auf einem ihrer Streifzüge etwas zugestoßen ist.

Optimal ist es deshalb, wenn sich ein direkter Nachbar um die Pflege des Freigängers kümmert oder der Katzensitter für die Zeit des Urlaubs im Katzenhaushalt wohnt. Natürlich sollten sich Katze und Betreuer schon vor dem Urlaub näher kennenlernen und aneinander gewöhnen können.

Zu Gast in fremden Gefilden

Die Urlaubsversorgung in einem anderen Haushalt oder in einer Pension ist für Freigänger die denkbar schlechteste Alternative. Hier müssen sie sich nicht nur mit einer fremden Umgebung und neuen Bezugspersonen arrangieren, sondern auch mit vorübergehender Wohnungshaltung. Auf keinen Fall darf ein Freigänger in einer unbekannten Umgebung bei fremden Personen in den ungesicherten Auslauf gehen. Die Gefahr des Weglaufens ist zu groß.

Mit der Katze auf Reisen

Bei sehr menschenbezogenen Katzen mit ausgeglichenem Gemüt bietet sich als Alternative zur Versorgung zu Hause an, die Katze in den Urlaub mitzunehmen, sofern die Umstände das zulassen. Hier müssen die Vorschriften am Urlaubsort sowie bei Fahrten ins Ausland die

Nimmt man die Katze immer an den gleichen Urlaubsort mit, wird dieser mit der Zeit als zweites Zuhause akzeptiert. (Foto: Shutterstock.com/Jan Matoska)

Einreisebestimmungen beachtet werden. Zwar muss sich die Katze hier auch an eine fremde Umgebung gewöhnen, nicht jedoch an eine neue Bezugsperson. Freigang sollte die Katze allerdings nur dann erhalten, wenn sie das Urlaubsdomizil schon länger kennt und dieses als zweites Revier akzeptiert hat. Ansonsten ist bei nervenstarken Katzen nur der eingeschränkte Freigang mit einem erprobten Geschirr an der Leine möglich. Sicherer ist aber die vorübergehende Wohnungshaltung mit viel gemeinsamer Beschäftigung im Haus.

(Foto: Shutterstock.com/Kachalkina Veronika)

Vorbereitung auf die weite Welt

Nicht alle Katzen und alle Umgebungen sind für den Freigang geeignet, und auch in geeigneter Umgebung sollte keine Katze unvorbereitet in die Freiheit entlassen werden. Zu groß ist die Gefahr, dass sie verschwindet oder sich mit vermeidbaren Krankheiten ansteckt. Ist das heimische Domizil erst katzengerecht eingerichtet, bestimmen weitere Überlegungen, ob, wann und unter welchen Umständen die Katze nach draußen gelassen wird. Aber auch routinierte Freigängerhalter sehen sich manchmal mit Problemen konfrontiert, die einer Lösung bedürfen. Wie geht man beispielsweise am besten vor, wenn die Samtpfote auf einem hohen Baum festsitzt?

Freigeist oder Stubentiger?

Ob die eigene Katze sich für den Freigang eignet, hängt neben den äußeren Umständen vor allem von ihrem Charakter und ihrer körperlichen Verfassung ab. Grundvoraussetzung ist, dass die Samtpfote sich nicht nur in ihrem Zuhause wohlfühlt, sondern auch eine gute Bindung zu ihrem Menschen hat und ihm vertraut. Nur eine Katze, die ihren Menschen nicht fürchtet und aus freien Stücken seine Nähe sucht, kehrt auch gern aus dem Freigang wieder nach Hause zurück.

Vorsicht ist eine Tugend

Gleichzeitig ist eine gewisse Scheu bei Freigängern aber eine recht nützliche Charaktereigenschaft. Sehr zutrauliche Tiere verbringen ihre Zeit nicht nur gern bei ihren Besitzern, sondern gehen auch furchtlos auf fremde Personen zu – auch auf solche, die es vielleicht nicht so gut mit ihnen meinen oder sich angesichts des freundlichen Besuchs selbst spontan zu Katzenhaltern machen wollen. Besonders bei Rassekatzen, die seit Generationen auf Freundlichkeit dem Menschen gegenüber gezüchtet wurden und zudem ein exklusives Aussehen besitzen, ist letztere Gefahr gegeben.

Allerdings ist nicht jede Katze, die sich zu Hause zutraulich und aufgeschlossen zeigt, draußen ebenso furchtlos – was man erst weiß, wenn man es ausprobiert hat. Bevor man seine Katze hinauslässt, sollte man daher genau abwägen, ob sie eventuell zu scheu beziehungsweise zu arglos für den Freigang ist und ob sie draußen Gefahren erkennen kann, ohne in jeder unbekannten Situation grundlos in Panik zu geraten.

Ein gutes Stück Vertrauen auf das eigene Bauchgefühl ist bei der Entscheidung allerdings ebenfalls wichtig. Meist wird man sowieso von der eigenen Katze überrascht, die draußen plötzlich vollkommen unbekannte Seiten zeigt. Das gilt besonders für jahrelang als Wohnungskatzen gehaltene Tiere, die auf einmal in den Genuss von freiem Auslauf kommen. Da wird der selbstbewusste Rüpel schnell zu einem vorsichtigen Kätzchen, das sich lieber drei Fluchtwege offenhält, als sofort loszustürmen.

Zu viel Zutraulichkeit ist bei Freigängern nicht unbedingt eine gute Eigenschaft. (Foto: Shutterstock.com/Chachoo)

Hausarrest für ein langes Katzenleben

Definitiv ungeeignet für den unbeschränkten Freigang sind sehr junge Tiere, die noch von ihrer Mutter abhängig sind oder gerade ihre ersten Erfahrungen ohne diese sammeln. Auch für alte Katzen kann die reine Wohnungshaltung unter Umständen besser geeignet sein, wenn Sinneswahrnehmung und Reaktionsvermögen nicht mehr ausreichen, dass die Katze mit plötzlichen Gefahrensituationen richtig umgeht. Hat die Katze bis ins hohe Alter noch nie Freigang genossen, sollte sehr gründlich abgewogen werden, ob man ihr nun noch die Türen nach draußen öffnet. Nicht nur Altersgebrechen, auch Behinderungen wie Blindheit oder Taubheit sowie andere Einschränkungen und Erkrankungen sprechen bei einer Katze eher für Wohnungshaltung, da sie Gefahren durch ihr Handicap entweder zu spät erkennt oder ihnen nicht rechtzeitig entkommen kann.

Schwierig wird es jedoch, wenn sowohl die altersschwache als auch die plötzlich behinderte Katze Freigang kennt und auch einfordert. Dann

TEST

Ist meine Katze für den Freigang geeignet?

- *Lebt Ihre Katze schon seit einigen Wochen bei Ihnen, hat sie sich eingelebt und zeigt sie keine Scheu vor Ihnen?* ☐ *Ja* ☐ *Nein*
- *Ist Ihre Katze gesund und hat keine körperlichen Einschränkungen?* ☐ *Ja* ☐ *Nein*
- *Ist sie nicht übermäßig zutraulich, aber auch keine Panikkatze?* ☐ *Ja* ☐ *Nein*
- *War Ihre Katze bereits Freigänger?* ☐ *Ja* ☐ *Nein*

Wenn Sie alle Fragen eindeutig mit „Ja" beantworten können, steht dem uneingeschränkten Freigang grundsätzlich kaum noch etwas im Wege. Haben Sie eine Frage mit „Nein" beantwortet, sollten Sie den geplanten Freigang noch einmal überdenken. Bei mehr als zwei negativ beantworteten Fragen ist zurzeit dringend von dem Vorhaben abzuraten.

Junge Kätzchen lieben es, die Welt zu erkunden – ohne Aufsicht ist das aber viel zu gefährlich für sie. (Foto: Shutterstock.com/AnnaIA)

Junge Katzen haben draußen sehr viel Spaß, übersehen dabei aber auch leicht drohende Gefahren. (Foto: Shutterstock.com/Jerko Grubisic)

sind Kompromisse gefragt wie Freigang unter Aufsicht oder im eingezäunten Garten. Viele Katzen arrangieren sich mit derartigen Einschränkungen erstaunlich gut, sodass sich das Abwägen zwischen bestehenden Gefahren und der Lebensqualität für das Tier lohnt.

Spricht keiner der genannten schwerwiegenden Gründe dagegen, kann man in der geeigneten Umgebung so gut wie jede Katze zum Freigänger machen, die Ambitionen hat, nach draußen zu gehen. Das gilt auch für Rassekatzen, obwohl die meisten seriösen Züchter ihre Schwierigkeiten damit haben, ihre Schützlinge in die trotz allem risikobehaftete Haltung mit Freigang zu verkaufen.

Der richtige Zeitpunkt

Auch wenn eine Katze grundsätzlich freigangtauglich ist, heißt das nicht, dass man sie nun jederzeit einfach vor die Tür setzen kann. Das richtige Timing ist gefragt, um unangenehme Überraschungen zu vermeiden. Zu junge Katzen leben draußen äußerst gefährlich, denn sie können Gefahren noch nicht richtig einschätzen oder übersehen diese in ihrem jugendlichen Übermut. Außerdem sind heranwachsende Katzen mit dem Übergang in die Geschlechtsreife im Hormonrausch oft unvorsichtig. Als Faustregel gilt, dass man seine Katze erst mit frühestens sechs Monaten und nach der Kastration das erste Mal allein hinauslassen sollte. Mit jedem Monat, den man bis zum Erwachsenwerden wartet, wird die Katze ruhiger und umsichtiger und ist damit besser für den Freigang gewappnet als ein Jungtier. Es schadet auch nichts, noch den einen oder anderen Monat länger zu warten, bis die Katze umsichtig und aufmerksam genug für den Freigang geworden ist.

Zieht eine neue Katze ein, muss auch diese zunächst das Haus hüten, selbst wenn sie ihre Jungtierphase schon länger hinter sich hat. Schließlich muss sie sich erst an ihr Zuhause und ihre Besitzer gewöhnen. Wenn die Katze schon vorher Freigang kannte, wird sie ihn zwar recht schnell wieder einfordern. Dennoch sollte man dieser Forderung nicht sofort nachgeben. Erst nach einer Zeitspanne von etwa sechs Wochen hat sich der Neuzugang so weit an sein Zuhause und seine Besitzer gewöhnt, dass ihm zum ersten Mal die Tür nach draußen geöffnet werden kann. Scheue Katzen brauchen entsprechend länger. Katzen, die neu sind und auch den Freigang erst kennenlernen müssen, sollten ebenfalls lieber etwas länger im Haus verweilen, damit sie nicht mit zu vielen unvertrauten Eindrücken überfordert werden.

Etwas anderes ist es, wenn sich für die Katze zwar die Umgebung, jedoch nicht der Besitzer ändert, beispielsweise bei einem Umzug. Hier kann der Freigeist schon etwas früher in die weite Welt entlassen werden. Wichtig ist auch hier nur, dass eine Bindung zum Besitzer besteht und das neue Zuhause gut angenommen wurde.

Gefahren vermeiden

Eine weitere wichtige Voraussetzung für möglichst risikoarmen Freigang ist neben der geeigneten Katze auch die richtige Umgebung. Auch wenn es Freigänger in der Großstadt gibt, kann das nicht unbedingt zur Nachahmung empfohlen werden. Die meisten Freigänger finden sich deshalb auf dem Land, wo naturgemäß weniger Verkehr herrscht, dafür aber umso mehr Wiesen und Felder zum Mäusefangen vorhanden sind. Schließlich sind Autos der Risikofaktor Nummer eins für frei laufende Katzen. Doch auch auf dem Land ist freier Auslauf nicht an jedem Ort zu empfehlen, wenn die Hauptstraße etwa direkt vor der Haustür entlangführt.

Viele Gefahren erkennt man aber auch erst auf den zweiten Blick. So kann beispielsweise eine Tempo-30-Zone sogar noch gefährlicher sein als eine Hauptverkehrsstraße, wenn sie un-

Freigang an stark befahrenen Straßen ist äußerst gefährlich. (Foto: animals digital/Thomas Brodmann)

Mit dem eigenen Verhalten kann man seiner Katze Orte zeigen, die für sie sicher sind. (Foto: Shutterstock.com/almgren)

übersichtlich ist und viele Autos darin parken. So haben weder Katze noch Autofahrer einen Überblick über die Straße und ein Unglück ist schnell passiert.

Auch eine Bundesstraße oder Autobahn in der Nähe wird von vielen Katzenhaltern nicht immer als Gefahr erkannt, wenn sie etwas weiter entfernt ist und in der anderen Richtung zahlreiche Wiesen locken. Der Aktionsradius eines Freigängers bei seinen Streifzügen ist oft größer, als man denkt, und oft ist die Straße im wahrsten Sinne des Wortes nur einen Katzensprung entfernt.

Verkehrserziehung für die Katze

Da Straßen generell ein großes Risiko für Samtpfoten darstellen, lohnt es sich, ein wenig Verkehrserziehung zu betreiben. Dazu geht man bei den ersten Ausgängen mit seiner Katze mit und lotst sie sozusagen auf den richtigen Weg. Dabei sollte man selbstverständlich die Wege vorziehen, auf denen kein oder nur wenig Verkehr herrscht und von denen man möchte, dass die Katze sie benutzt. Hier kann man auch schon mal eine Spielrunde (siehe ab Seite 51) einlegen, um der Katze zu demonstrieren, dass dieser Ort sicher ist. Liegt eine Straße direkt am Haus oder auf einem Weg, den die Katze mit großer Sicherheit beschreiten wird, kann man auch hier mit ihr entlanggehen, sollte aber auf längere Aufenthalte verzichten. Dass man dabei immer auf dem Gehweg bleibt und auch die Katze dazu anhalten sollte, dürfte klar sein. Auch wenn man als Mensch vor Autos keine Angst hat: Jetzt darf man dies ruhig vortäuschen, selbst wenn man von den Nachbarn dafür belächelt wird. So mancher Freigängerhalter konnte seiner Katze die Gefahr von Autos und Straße näherbringen, indem er vor jedem vorbeifahrenden Auto mit der Katze im Schlepptau wegrannte. Die meisten Katzen sehen Autos aber von ganz allein als Gefahr an. Bei diesen Exemplaren reicht es, einfach die sicheren Wege zu zeigen und die Katze zu lehren, sich nicht auf der Straße aufzuhalten – obwohl sie sich nicht immer daran halten wird.

Neben den Autos gehören vor allem Menschen, die Katzen nicht wohlgesinnt sind und ihnen unbeobachtet etwas antun würden, draußen zu den großen Gefahren. Darüber hinaus sind natürlich Hunde zu nennen, in einsamen Lagen auch Wildtiere.

Um einschätzen zu können, welche Gefahren rund ums eigene Zuhause relevant sind, lohnt sich das Gespräch mit langjährigen Freigängerhaltern der Umgebung. Wenn deren Katzen regelmäßig alt geworden sind, dürfte es hier ziemlich sicher sein, wenngleich Unfälle trotzdem nicht ausgeschlossen werden können. In einer Umgebung, in der erfahrungsgemäß viele Freigänger früh ihr Leben verlieren, sollte man seine Katzen nicht hinauslassen, auch wenn viele andere Menschen es vielleicht trotzdem tun.

Vorsicht, Gift!
Nicht alle Gefahren draußen sind so offensichtlich wie eine stark befahrene Straße oder ein frei laufender Jagdhund. Kehrt die Katze von einem ihrer Ausgänge zurück und zeigt Symptome wie Speicheln, Erbrechen, Krämpfe oder anderes, kann eine lebensbedrohende Vergiftung die Ursache sein, die schnellstmögliche tierärztliche Behandlung erfordert. Manchmal sind giftige Pflanzen im Garten der Auslöser, aber auch Gifte zur Bekämpfung von Schädlingen können zur Gefahr werden. Dazu zählen unter anderem Schneckenkorn und Rattengift. Auch der beim Putzen der Pfoten aufgenommene Rasendünger oder andere giftige Stoffe, mit denen die Katze beispielsweise in Haus oder Garage in Berührung kommen könnte – wie Reinigungsmittel, Chemikalien oder Medikamente –, können zur Vergiftung führen. Am besten verwendet man unschädliche Alternativen, schließt Giftstoffe sicher ein und weist bei Bedarf auch die Nachbarn auf die Gefahren hin.

Kastrations- und Chippflicht

Jeder verantwortungsvolle Katzenbesitzer lässt seine Katze kastrieren und kennzeichnen, bevor er sie in den Freigang entlässt. Das hat für Katze und Besitzer mehrere Vorteile. Kastrierte Katzen haben im Gegensatz zu potenten Tieren eine höhere Lebenserwartung, denn wenn die Hormone im Katzenkörper ihr Unwesen treiben, werden Katzen unvorsichtig. Bei der Partnersu-

So süß sie auch sind: Viele Kätzchen haben keinen guten Start ins Leben und wachsen auf der Straße oder im Tierheim auf. (Foto: Shutterstock.com/ots-photo)

Freigänger machen lautstark auf sich aufmerksam, wenn sie ins Haus oder hinauswollen. (Foto: Shutterstock.com/Sue McDonald)

che und beim Kampf mit Rivalen vergessen sie schnell die Gefahren, die draußen lauern. Kater kommen mit zahlreichen Blessuren von Rangkämpfen, Katzen irgendwann mit Nachwuchs nach Hause, der gut versorgt, medizinisch betreut und vermittelt werden will. Hinzu kommt, dass sich Katze wie Kater beim Paarungsakt mit verschiedenen Krankheiten infizieren können. Außerdem erspart man sich und seinen Nachbarn durch die Kastration der Katze stinkende Harnmarkierungen und damit Ärger.

Kastration ist Katzenschutz

Auch aus Tierschutzgründen ist eine Kastration zu befürworten. In Deutschland leben schätzungsweise zwei Millionen verwilderte Hauskatzen auf der Straße und führen dort ein äußerst erbärmliches Leben. Sie finden vor allem in der Winterzeit nicht genügend Nahrung, sterben oft schon sehr jung an Katzenschnupfen und anderen Krankheiten und sind vielerorts nicht gern gesehen. Die scheue Katzenpopulation hat aber noch eine weitere Besonderheit: Sie ist unglaublich fruchtbar. So kommt es trotz der hohen Sterblichkeit der Tiere nicht zu einer Verminderung ihres Bestands. Den eigenen Freigänger zu kastrieren ist daher aktiver Tierschutz, denn so kann man dazu beitragen, das Elend nicht noch weiter zu vergrößern.

Chip, Tätowierung, Halsband

Aufgrund der Problematik großer verwilderter Hauskatzenkolonien haben bereits mehr als 80 Städte und Kommunen in Deutschland die Kastrationspflicht von Freigängerkatzen eingeführt. Diese Pflicht ist gekoppelt an eine Kennzeichnungspflicht. Mithilfe eines Mikrochips, der vom Tierarzt bei der Kastration oder der ersten Impfung mit einer Spritze unter der Haut platziert wird, erhalten Katzen eine individuelle Nummer, mit deren Hilfe sie schnell ihrem Besitzer zugeordnet werden können – vorausgesetzt, die Katze wurde mit dieser Nummer in einem Heimtierverzeichnis wie Tasso registriert. Welche Städte und Kommunen die Kastrationspflicht eingeführt haben, kann man unter anderem auf der Internetseite des Deutschen Tierschutzbundes nachlesen.

Auch mithilfe von Tätowierung und Halsband kann man seine Katze für den Fall des Entlaufens markieren. Beide Methoden haben den Vorteil, dass der Finder auf den ersten Blick sieht, dass die Katze einen Besitzer hat. Allerdings verblasst eine Tätowierung schnell und wird unleserlich, eine genaue Zuordnung ist daher und aufgrund dessen, dass es bei der Tätowierung kein einheitliches System gibt, schwierig bis unmöglich.

Ein Halsband wiederum kann schnell verloren gehen. Ein gutes Modell hat einen Sicherheitsverschluss, der sich auf Zug löst. Da keine Katze gern ein Halsband trägt, haben viele Tiere sehr schnell heraus, wie sie sich des ungeliebten Accessoires entledigen können.

Andererseits birgt das Tragen jedes Halsbands für die Katze große Gefahren. Denn auch mit Sicherheitsverschluss ist nicht garantiert, dass das Halsband wirklich nachgibt, falls die Katze irgendwo hängen bleibt. Schlimmstenfalls kann sich eine Katze mit dem Halsband strangulieren, weshalb auf diese Möglichkeit der Kennzeichnung besser verzichtet werden sollte.

Katzenklappe und Co.

Wer seine Katze hinauslassen möchte, kann das auf viele verschiedene Arten tun. Soll sie nur zu geregelten Zeiten hinaus und herein, ist die einfachste Lösung, ihr zu diesen Zeiten selbst

Mit einer Katzenklappe kann der Freigänger selbstständig hinausgehen oder zu Hause Unterschlupf suchen. (Foto: Gomez Ringe)

die Tür zu öffnen. Das hat den Vorteil, dass man immer weiß, ob sich die Katze gerade drinnen oder draußen aufhält. Außerdem kann man verhindern, dass die Katze ihre tote oder noch lebende Beute ins Haus trägt. Die meisten Katzen machen durch Miauen darauf aufmerksam, dass sie herein- oder hinausmöchten. Andere kratzen vielleicht lieber an der Tür. Hier kann eine Klingelmatte Abhilfe schaffen, die immer dann ertönt, wenn sich die Katze daraufsetzt.

Allerdings hat die Methode des eigenhändigen Türöffnens auch einen entscheidenden Nachteil. Vor allem im Sommer ist man schnell fast minütlich damit beschäftigt, seine Katze herein- oder hinauszulassen. Und ist man nicht zu Hause und die Katze draußen, kann diese bei schlechtem Wetter oder wenn Gefahr droht nicht selbstständig ins Haus, sondern muss sich draußen eine Zuflucht suchen. Darum sollte der Katze nach Möglichkeit ein Unterschlupf zur Verfügung gestellt werden, den sie akzeptiert und bei Bedarf aufsuchen kann.

Ausgang mit Klappe

Eine Katzenklappe leistet gute Dienste, wenn das Haus der einzige Zufluchtsort ist, den man der Katze bieten kann. Auf diese Weise kann sie jederzeit hinein, ohne auf sich aufmerksam machen zu müssen.

Die meisten Katzen lernen den Umgang mit einer Katzenklappe schnell, wenn man sie mit Leckerchen hindurchlockt. Zur Not hält man die Klappe zunächst geöffnet, bis die Katze sie als Durchgang akzeptiert hat, und schließt sie nach und nach ein bisschen mehr, bis die Katze schließlich von allein hindurchgeht.

Katzenklappen können in Türen, Fenster oder Wände eingebaut werden. Manche von ihnen sind unterschiedlich einstellbar, sodass man bestimmen kann, ob die Klappe in beide Richtungen, nur in eine Richtung oder auch mal gar nicht passierbar ist. So hat man zumindest zum Teil die Kontrolle darüber, wo sich die Katze aufhält.

Allerdings kann durch eine Katzenklappe nicht nur die eigene Katze ins Haus gelangen. Auch fremde Katzen nutzen die Klappe mitunter gern, was zu mächtigem Ärger und unschönen Kampf- und Markierspuren im Haus führen kann. Hier ist eine Katzenklappe von Vorteil, die man auf den Chip der eigenen Katze programmieren kann, sodass sich die Klappe nur für sie öffnet.

Die Katzentür gut platzieren

Gerade im Winter ist es von Vorteil, wenn die Katzenklappe nicht in der Eingangstür oder einem Raum installiert ist, der häufig genutzt wird. Schließlich kommt mit einer Klappe nicht nur die Katze, sondern auch Kälte ins Haus. Ein Zugang über den Keller ist oft eine sehr gute Lösung. So heizt man nicht aus der Klappe hinaus, und die Katze wird im Keller bereits einiges an Dreck los, den sie bei schlechtem Wetter unweigerlich an sich trägt.

Für Freigänger, die obere Etagen bewohnen, bietet sich eine Katzentreppe oder -leiter an.

CHECKLISTE

Vor dem ersten Freigang

Bevor man seine Katze in den Freigang entlässt, sollten folgende Fragen geklärt sein:

- *Ist meine Katze für den Freigang geeignet?*
- *Wohne ich in einer für Freigang geeigneten Umgebung?*
- *Hat sich meine Katze gut eingelebt und an mich gewöhnt?*
- *Hat die Katze jederzeit die Möglichkeit, ins Haus oder an einen ähnlichen Zufluchtsort zu gelangen?*

Außerdem muss an folgende Dinge gedacht werden:

- *Kastration*
- *Kennzeichnung*
- *Impfungen*

Bei den ersten Ausflügen nach draußen sind Katzen in der Regel sehr vorsichtig und schreckhaft. (Foto: Shutterstock.com/Cristi Bastian)

Selbst gebaut oder gekauft kann diese beispielsweise vor einem Fenster mit Katzenklappe installiert werden, sodass die Katze durch das Fenster und über die Treppe sicher ins Freie gelangt.

Los geht's zum ersten Ausflug

Sind alle Vorbereitungen getroffen, kann der große Tag des ersten Freigangs kommen. Dafür sollte man auf jeden Fall viel Zeit einplanen. Katzen, die Freigang bereits kennen, werden meist sofort freudig das Haus verlassen. Für zuvor reine Wohnungskatzen ist der erste Gang nach draußen nicht nur aufregend, sondern auch etwas beängstigend. Kaum eine Samtpfote wird begeistert in die unbekannte Welt hinausstürmen und sich erst nach einer Woche Abenteuerurlaub in Freiheit wieder blicken lassen. Im Gegenteil: Die meisten Katzen gehen bei ihren ersten Schritten nach draußen sehr langsam und vorsichtig vor. Der erste Freigang dauert darum meist nicht lange.

Die wichtigsten Punkte: Bei den ersten Schritten im Freien behält man seine Samtpfote immer im Auge und lässt die Tür offen, damit sie bei Erschrecken sofort wieder ins vertraute Heim zurückkehren kann und nicht panisch verschwindet. Außerdem sollte die Katze selbst entscheiden, wann sie das Haus verlassen will; sie darf nicht dazu gedrängt werden. Einfach die Tür öffnen und schauen, was passiert – das ist die beste Vorgehensweise, um seine Katze an den Freigang zu gewöhnen.

Falls die Katze doch draufgängerisch veranlagt ist, kann man für den ersten Freigang einen

Eine Katze, die immer wieder auf ihren Besitzer warten muss, wird irgendwann selbst nicht mehr pünktlich sein. (Foto: Shutterstock.com/Lorenzo Mondo)

eher ungemütlichen Winter- oder leichten Regentag wählen, am besten kurz vor der Fütterungszeit. In solch einem Moment werden die meisten Katzen eher ungern das Haus verlassen. Siegt die Neugier dann doch, überwiegt im besten Fall nach kurzer Zeit das Verlangen nach dem gemütlichen Heim samt gefülltem Futternapf.

Routine stellt sich ein

Wenn die anfänglichen Unsicherheiten der ersten Ausgänge überwunden sind, die Streifzüge der Katze immer länger werden und man als Halter nicht mehr bei jedem Aufenthalt im Freien dabei sein muss, ist es an der Zeit, eine gewisse Routine in den Freigängeralltag zu bringen. Eine Katze, die nur unregelmäßig und manchmal auch gar nicht nach Hause kommt, kann mit der Zeit die Nerven des sich sorgenden Besitzers arg strapazieren. Umgekehrt mögen aber auch Katzen keine unzuverlässigen Menschen.

Der Tagesablauf unserer Samtpfoten ist in der Regel gut durchstrukturiert. Gern planen sie dabei auch Zeit mit ihrem Besitzer ein – vorausgesetzt, dieser tut dasselbe. Eine Katze, die regelmäßig enttäuscht wird, wenn sie pünktlich zur Einlasszeit vor der Tür auf ihn wartet, wird irgendwann nicht mehr zu dieser Zeit erscheinen, sondern nur noch sporadisch vorbeischauen. Darum ist es wichtig, zu bestimmten Zeiten feste Rituale zu pflegen, die sich bei einem geregelten Tagesablauf von ganz allein festigen. Das kann zum Beispiel eine Kuscheleinheit am Morgen, die Spielstunde am Mittag oder schlicht das tägliche Füttern sein. Welche und wie viele Rituale das tägliche Miteinander gestalten, bleibt Katze und Mensch überlassen. Wichtig ist nur, dass diese Dinge in einem festen Zeitrahmen geschehen. Kleinere Unregelmäßigkeiten können die meisten Katzen verschmerzen, alles Weitere führt jedoch dazu, dass man seinen Freigänger regelmäßig suchen muss, wenn man ihn sehen will.

Rituale für den Alltag

Möchte man den gemeinsamen Alltag ganz bewusst mithilfe solcher Rituale gestalten, sollte man sich zunächst überlegen, wann und wie man seine Katze hinauslassen möchte. Besitzt man eine Katzenklappe, entscheidet in der Regel die Katze selbst, wann sie das Haus verlässt und wiederkommt. Manche von ihnen gehen besonders gern nachts auf Beutefang und verschlafen den Tag lieber in der sicheren Wohnung. Andere gehen tags wie nachts regelmäßig immer wieder nach draußen, wieder andere passen sich dem Rhythmus ihrer Besitzer an und schlafen nachts. Auf diese individuellen Vorlieben kann man Rücksicht nehmen und die Fütterung auf eine Zeit legen, zu der die Katze von sich aus regelmäßig zu Hause ist.

So mancher Freigängerbesitzer möchte aber auch, dass die Katze beispielsweise zu den Hauptverkehrszeiten oder in der Nacht in der sicheren Wohnung ist. Bleibt die Katze nicht freiwillig im Haus, kann es helfen, sie direkt vor und nach der erwünschten Ausgangszeit zu füttern und anschließend Türen und Katzenklappe geschlossen zu halten. Die meisten Samtpfoten sind sehr anpassungsfähig, was solche Zeiten angeht, solange sie nicht zu stark variieren.

Wenn die Katze nicht nach Hause kommt

Trotz aller Rituale kommt es vor, dass die Katze zur Fütterungszeit nicht nach Hause kommt. Hier gilt es einen klaren Kopf zu bewahren, auch wenn es schwerfällt. Zunächst einmal ist es

Katzen klettern gern auf Bäume, doch nicht immer kommen sie dort auch allein wieder herunter. (Foto: Shutterstock.com/Dreamframer)

relativ normal, dass auch die zuverlässigste Samtpfote bei ihren Ausflügen mal etwas entdeckt, was sehr viel spannender ist als der gefüllte Futternapf. Besonders bei schönem Sommerwetter, wenn viele Artgenossen und natürlich auch Mäuse unterwegs sind, kann es schon mal etwas länger dauern, bis die Katze heimkehrt. Trotzdem ist eine solche Unpünktlichkeit auch immer ein Warnsignal. Es muss zwar nicht unbedingt etwas Schlimmes passiert sein, aber falls die Katze in einem Keller oder auf einem Baum festsitzt, sollte ihr schnell geholfen werden.

Von Vorteil ist, wenn man die Wege seines Freigängers in etwa kennt und diese in Gedanken abläuft. Wo könnte die Katze sich unterwegs versteckt haben, wenn sie sich erschreckt hat? Gibt es entsprechende Stellen, die besonders gefährlich oder interessant sind? Gibt es eine

Viele Katzen verabscheuen Schnee – aber es gibt auch welche, die es geradezu lieben, in der weißen Pracht zu spielen. (Foto: Shutterstock.com/pio3)

Baustelle in der Nähe, auf der die Katze eingesperrt oder als blinder Passagier mit einem Lkw mitgefahren sein könnte? Auch wenn den meisten in einer solchen Situation einiges einfällt, was der eigenen Samtpfote Schreckliches geschehen sein könnte, sollte man immer daran denken: Mit großer Wahrscheinlichkeit ist es einfach nur eine Maus, die den Stubentiger aufgehalten hat. Kommt dieser partout nicht nach Hause, kann man bei einem ruhigen Spaziergang versuchen, ihn zu finden.

Ein kühler Kopf hilft beim Suchen

Die Ruhe zu bewahren ist wichtig, um die Katze nicht durch verändertes Verhalten zu verunsichern oder zu verschrecken. Auch das Geräusch der beliebten Leckerchendose und Rufen helfen bei der Suche. Trotzdem sollte man sich nicht darauf verlassen, dass die eigene Katze immer antwortet, auch wenn sie das in anderen Situationen zuverlässig tut. Ganz im Gegenteil wollen viele Katzen manchmal einfach nicht gefunden werden, wenn sie gerade etwas anderes im Sinn haben oder sie sich in einer Notlage befinden. Ein Blick in Büsche, auf Bäume, in Keller und an andere mögliche Aufenthaltsorte gehört zu solch einem Suchspaziergang daher unbedingt dazu.

Meist endet ein solcher Spaziergang damit, dass man nach erfolgloser Suche sorgenvoll zurückkehrt und die Katze schon seelenruhig vor der Tür wartet, die Verspätung ihres Besitzers klagend kommentiert und so tut, als wäre nichts gewesen.

Manchmal steckt sie allerdings auch wirklich in einer verzwickten Lage. Wenn man sie nicht selbst daraus befreien kann, hilft die Feuerwehr weiter. Das gilt jedoch nicht unbedingt, wenn die Katze nur auf einem Baum festsitzt. Hier wird in der Regel erst einmal abgewartet, ob sie nicht von allein herunterkommt, da Befreiungsversuche oft damit enden, dass die Katze in Panik noch weiter hinaufklettert.

Sollte man mit seiner Suche keinen Erfolg haben, hilft das Haustierregister Tasso weiter. Hier kann man sein Tier für den Fall des Verschwindens registrieren lassen und bekommt bei Bedarf kostenlos Suchplakate zum Aushängen in Tierarztpraxen, Tierheimen und in der Umgebung gestellt. Wird die Katze schon vorher gefunden, kann sie außerdem mithilfe ihres Chips und der Registrierung schnell ihrem Besitzer zugeordnet werden.

Besonderheiten zur Winterzeit

In der kalten Jahreszeit muss man seine Katze in der Regel nicht besonders häufig suchen – die meisten Freigänger mutieren im Winter zu regelrechten Stubenhockern. Die sonst so festen Ausgehzeiten verkürzen sich mit dem ersten Schnee bei den meisten Katzen schnell drastisch. Und auch viele weitere Veränderungen kann man in dieser Zeit an seiner Katze beobachten. Mit Ende des Sommers wird die Haltung von Freigängern zu einer wahrhaft haarigen

Angelegenheit. Während Wohnungskatzen über das Jahr verteilt relativ gleichmäßig Fell verlieren, machen Freigänger zweimal im Jahr einen richtigen Fellwechsel durch. In dieser Zeit ist regelmäßiges Bürsten ein Muss, und auch der Verbrauch von Fusselrollen steigt drastisch an.

Manche Katzen beginnen mit den ersten kürzeren Tagen auch, sich regelrecht Winterspeck anzufressen, selbst wenn sie sonst eher mäklig sind. Dabei gehört nicht nur lautstarkes Protestieren vor dem Futternapf zum Programm, auch Mäuse landen vermehrt im Katzenmagen. Normalerweise geht das Gewicht im Sommer von allein wieder zurück, wenn spannende Abenteuer im wärmenden Sonnenschein zu mehr Bewegung anregen.

Auch wenn Katzen wärmeliebende Tiere sind, kommen sie, sofern sie gesund sind, mit Kälte erstaunlich gut zurecht. Ihr dicker Winterpelz schützt sie vor Schnee und Nässe, sodass sie auch bei Minusgraden ohne Probleme mehrere Stunden freiwillig draußen bleiben, wenn etwas ihr Interesse geweckt hat. Manchmal jedoch kann man sie statt beim Abenteuer im Schnee auch zusammengekuschelt auf einem Heuboden finden, denn Katzen wissen gut, wie sie es sich draußen am besten gemütlich machen. Sollte der Katze jedoch kein solcher Rückzugsort zur Verfügung stehen, muss man ihr diesen schaffen oder aber darauf achten, dass sie nicht zu lange unfreiwillig im Freien ausharren muss. Sonst kann es sein, dass die Katze bei den mitfühlenden Nachbarn um Einlass bittet.

Wohnt man in einer Gegend, in der im Winter viel Streusalz auf die Straßen gebracht wird, sollte man die Pfoten der Katze beim Nachhausekommen mit einem nassen Lappen säubern. So nimmt sie das Salz nicht bei der Körperpflege zu sich – vermehrtes Trinken kann auf dieses Problem hinweisen. Wenn die Pfoten durch das Salz stark beansprucht und rissig sein sollten, hilft zur Not auch ein wenig Vaseline.

Wenn Katzen nicht gefunden werden wollen, ziehen sie sich gern an geschützte Orte zurück. (Foto: Schneider)

o: Shutterstock.com/Matthew Williams-Ellis)

Spiel und *Spaß*

Hoch konzentriert lauern und im richtigen Moment blitzschnell zupacken – genau dafür sind unsere schmusigen Samtpfoten geschaffen. Bei der spielerischen Jagd trainieren sie ihre Sinne und ihren Körper und sie haben gleichzeitig eine Menge Spaß. Darum jagen auch satte Katzen Mäuse. Und Spiele, die sie besonders toll finden, haben meistens in irgendeiner Weise etwas mit der Jagd zu tun.

Je nachdem, wie lange sich ein Freigänger außer Haus befindet und seiner Lieblingsbeschäftigung nachgeht, benötigt er zu Hause keine größere Beschäftigung mehr. Wer jedoch auch dort außer Kuschelstunden etwas von seiner Katze haben möchte, ihre Aktivitäten zumindest ein wenig kontrollieren und sie auch von gefährlichen Taten aus Langeweile wie dem Ärgern des Nachbarhundes abhalten will, der muss sich schon einiges einfallen lassen, um den zufriedenen Jäger vom Sofa zu locken.

Ein Garten voller Abenteuer

Da Freigänger in der Regel keine Stubenhocker sind und auch ihre Besitzer sich bei schönem Wetter nicht nur im Haus aufhalten wollen, bietet sich ein kleiner Katzenabenteuerspielplatz im eigenen Garten an. Das hat mehrere Vorteile.

Ein Garten für die Katze bietet für alle Bedürfnisse ein Eckchen – auch zum Ruhen und Beobachten. (Foto: Shutterstock.com/Julie DeGuia)

Einerseits bietet man der Katze auf ihre Bedürfnisse eingehende Beschäftigungsmöglichkeiten direkt vor der Haustür, andererseits hat man als Besitzer die Möglichkeit, zumindest einen Teil der Aktivitäten der eigenen Samtpfote draußen mitzuerleben und mitzugestalten.

Alles an einem Ort

Ein katzengerechter Garten sollte möglichst für alle Aktivitäten einen oder mehrere Orte bieten – einen Platz zum Ruhen, einen zum Toben und einen, um Geist und Sinne zu trainieren. Was angesichts des normalerweise recht begrenzten Platzangebots zunächst unmöglich erscheint, lässt sich jedoch mit einfachen Mitteln arrangieren. Dabei lässt sich die dritte Dimension besonders gut nutzen. So kann ein Baum mit ein wenig handwerklichem Geschick platzsparend gleich mehrere Bedürfnisse der Katze befriedigen. Mit Kletterhilfen, einem Aussichtsplateau mit Liegeflächen sowie Laufstegen in luftiger Höhe – etwa zu einem anderen Baum oder einem Gebäude – kann die Katze sich hier nicht nur körperlich austoben, sondern auch ruhen und von einer erhöhten Position ihr Revier überblicken. Auch das eine oder andere Vögelchen weckt mit Sicherheit schnell die Aufmerksamkeit des kleinen Tigers. Um zu verhindern, dass die Katze bei einem Jagdversuch zu hoch hinaufklettert oder gar einen Vogel erwischt, kann man ab einer bestimmten Höhe einen Baumschutzgürtel anbringen, der die Katze vom Klettern abhält. Dieser Trichter aus Draht wird mit der größeren Öffnung nach unten am Stamm befestigt und sorgt dafür, dass sich Vögel trotz direkter Anwesenheit einer oder mehrerer Katzen im Garten wohlfühlen.

Selbst der Gartenzaun wird von Katzen gerne für einen Spaziergang mit Aussicht genutzt. (Foto: Shutterstock.com/Lukich)

Raum für Natur

Ein englischer Rasen ist vielleicht für manchen Menschen schön, Tiere sehen das aber normalerweise anders. Im hohen Gras finden viele Lebewesen Nahrung und Schutz – so auch die Katze. Hier kann sie sich gut verstecken, einer Maus oder einem Grashüpfer auflauern oder einfach nur inmitten des kleinen Urwalds ein Nickerchen halten. Das Gleiche gilt für Sträucher. Sicherlich muss man zugunsten der Katze seinen Garten nicht komplett verwildern lassen. Eine kleine natürlich gestaltete Ecke im Garten kann aber auch für menschliche Augen durchaus reizvoll sein.

Mehr Zeit zu Hause

Auf die Bedürfnisse der Katze abgestimmte Kratzbäume für draußen, Orte zum Sonnenbaden und regengeschützte Verstecke, ein umgestaltetes Gartenhaus und auch eine freie Fläche zum Toben lassen nahezu jedes Katzenherz höher schlagen und verleiten so manche Samtpfote dazu, etwas mehr Zeit in heimischen Gefilden zu verbringen. Für den Menschen ist es eine Bereicherung, seiner Katze beim Spielen und Ruhen im eigenen Garten zuzusehen.

Beliebte Orte werden immer wieder gern aufgesucht, sodass sich schnell alltägliche Rituale entwickeln, die den Freigang für Katze und Mensch etwas berechenbarer machen. Regelmäßige kleine Veränderungen, die es für die Katze zu erkunden gibt, erhalten die Attraktivität des Gartens. Bei allen Gestaltungsideen ist es wichtig, auf die Sicherheit zu achten und regelmäßig zu kontrollieren, ob alle Installationen – vor allem die häufig genutzten – noch fest sind und ihren Zweck erfüllen.

Kräuter für die Sinne

Um die Sinne der Katze anzusprechen, eignen sich Kräuterbeete ganz besonders. Hier kann man die typischen Kräuter wie Katzenminze, Katzengamander und Baldrian pflanzen. Ebenso sind viele übliche Küchenkräuter bei Katzen oft recht beliebt. Verschiedene Untergründe, etwa Kies, lockere und feste Erde, Steinplatten, kurzes und auch langes Gras, das gleichzeitig gern von der Katze aufgenommen wird, um bei der Fellpflege verschluckte Haare wieder auszuscheiden, fordern den Tastsinn. Sand ist ein besonders beliebter Untergrund zum Wälzen, wird aber auch sehr gern als Katzenklo genutzt.

Spiele, die drinnen beliebt sind, finden in der Regel auch draußen Anklang. (Foto: Schneider)

Kräuter und verschiedene Untergründe wie Steine fordern die Sinne der Katze. (Foto: Shutterstock.com/itakefotos4u)

Ein kleines Sandeckchen an einer unauffälligen Stelle kann daher auch die Beete des Nachbarn schonen und Streit vermeiden helfen.

Der Reiz des Outdoor-Spielens

Ein katzengerecht gestalteter Garten ist für Freigänger eine Bereicherung ihres Reviers. Noch spannender ist es jedoch, wenn sie diesen entweder mit einem Katzenkumpel oder ihrem Menschen nutzen können. Wer regelmäßig im Garten arbeitet, merkt schnell, wie interessant auch einfache Tätigkeiten für die eigene Katze sein können. Da wird das Laub gemeinsam zusammengekehrt, ein wegfliegendes Blatt gefangen oder aufmerksam beobachtet. Es ist dabei fast egal, was man veranstaltet. Solange es abwechslungsreich ist und nicht zu lange dauert, wird die Katze interessiert zusehen und sich auf ihre Art einbringen – ob man will oder nicht.

Wer sich aktiv mit seiner Katze unter freiem Himmel beschäftigen will, hat nahezu unendlich viele Möglichkeiten, dies zu tun. Natürlich

Wenn keine Spielangel zur Hand ist, lassen sich Katzen auch gern von einem langen Grashalm begeistern. (Foto: Shutterstock.com/Volfoni)

lassen sich alle Spiele, die drinnen beliebt sind, auch draußen spielen. Vom Federwedel bis zum Intelligenzspielzeug ist nichts an die Beschäftigung im Haus gebunden. Der Garten hält jedoch wesentlich mehr Ablenkungen bereit als die recht reizarme Umgebung der Wohnung. Manche Katzen lassen sich davon nicht stören und spielen draußen genauso leidenschaftlich wie drinnen. Andere hingegen sind schnell abgelenkt, erschrecken oft und lassen sich nur selten zum Spielen im Grünen animieren. Ihre Aufmerksamkeit unter diesen Umständen auf sich und das Spiel zu lenken macht den besonderen Reiz des Outdoor-Spielens aus.

Manche Spiele machen mit steigendem Platzangebot unter freiem Himmel sogar noch mehr Spaß. Schließlich ist hier nicht so schnell die nächste Wand im Weg, die energiegeladene Wurfspiele ausbremsen würde. Das geworfene Bällchen animiert zum langen Sprint und zur intensiven Suche im hohen Gras. Manche Katzen rennen nicht nur begeistert hinter fliegenden Objekten her, sondern bringen sie sogar zurück.

Gleichzeitig bietet die Natur selbst aber auch einige für die Katze interessante Spielmaterialien an. So ist ein langer Grashalm schnell zur Stelle, wenn die Katzenangel im Haus liegen geblieben ist. Eicheln, Kastanien, Stöckchen und Ähnliches eignen sich gut für spontane Wurf- und Rennspiele, und im Gras lässt sich auch mal das eine oder andere Leckerchen verstecken, das anschließend gemeinschaftlich gesucht und gefunden werden kann.

Da der Aktionsradius eines Freigängers nur selten auf den eigenen Garten beschränkt ist, muss er das auch bei gemeinsamen Aktivitäten

nicht sein. In einer ruhigen Wohnlage kann man derartige Spiele auf die nächste Wiese verlegen oder wo auch immer sich die Katze gern aufhält und keine Gefahr durch Autos oder anderes droht. Hier kann bereits der Weg das Ziel sein, denn viele Katzen mögen es, kürzere oder auch längere Strecken mit ihrem Besitzer spazieren zu gehen, sofern es sich nicht zugleich um eine beliebte Strecke von Hundebesitzern handelt.

Wer sich mit seinem Freigänger auf diese Weise beschäftigt und ihm regelmäßig verschiedene Spiele und Aktivitäten anbietet, erkennt schnell dessen individuelle Vorlieben. Langeweile kommt so garantiert nicht auf.

Spielerisch erziehen

Die gemeinsame Spielstunde lässt sich hervorragend nutzen, um der Samtpfote verschiedene Dinge beizubringen. Die wichtigste Lektion für jeden Freigänger ist, auf den eigenen Namen zu hören. Normalerweise lernen Katzen dies auch ohne großes Zutun schnell und wissen ganz genau, wann sie gemeint sind. Das heißt aber nicht, dass sie deswegen auch jederzeit kommen, wenn sie gerufen werden. Mit einem einfachen Trick kann man sie jedoch dazu bringen, gern und regelmäßig auf ihren Namen zu hören: Leitet man die Fütterung und die Spielzeit regelmäßig mit dem Rufen des Namens ein, lernt die Katze, dass es sich lohnt, darauf zu reagieren. So kommt sie zwar nicht in jedem Fall, aber doch immer öfter.

So manche Katze geht gern mit ihrem Besitzer und anderen vierbeinigen Mitbewohnern spazieren. (Foto: Shutterstock.com/Imfoto)

Mit dem Klick zum Trick

Diese Lektion kann man seiner Katze auch mit einer spielerischen Erziehungsmethode beibringen. Dazu braucht man lediglich einen Clicker aus dem Zoofachhandel, Leckerli und viel Geduld. Ein Clicker ist eine Art Knackfrosch. Sein Geräusch zeigt der Katze an, wann sie etwas richtig gemacht hat. Mithilfe der Leckerchen, die zunächst immer direkt im Anschluss an einen Klick gegeben werden, lernt die Katze, dass das Geräusch etwas Positives bedeutet. So kann der Clicker mit der Zeit selbst als Belohnung eingesetzt werden. Hat die Katze erst einmal den Klick zu interpretieren gelernt, kann man sie auch damit belohnen, wenn sie kommt, sobald man sie ruft. Auf diese Weise lassen sich der Katze viele verschiedene Tricks beibringen, die auch im Freigang nützlich sein können.

Auf Kommando miauen ist beispielsweise dann praktisch, wenn die Samtpfote spurlos verschwunden zu sein scheint. Einem sogenannten

Mit dem Clicker kann man seiner Katze spielerisch Tricks beibringen. (Foto: Schneider)

Targetstab zu folgen kann sinnvoll sein, wenn die Katze irgendwo festsitzt und den Ausgang von allein nicht mehr findet.

Richtig angewendet ist das Clickertraining aber nicht nur praktisch, sondern macht auch Katze und Halter jede Menge Spaß. Denn bei dieser Art der Beschäftigung findet eine besondere Kommunikation zwischen Mensch und Katze statt. Der Mensch versucht seiner Katze etwas beizubringen, indem er sie für das gewünschte Verhalten belohnt. Die Katze wiederum versucht, den begehrten Klick zu erreichen, indem sie zu interpretieren versucht, was das gewünschte Verhalten ist. So lernen beide ganz spielerisch, einander zu verstehen, und festigen ihre Bindung zueinander.

In manchen Lebenslagen muss die Tür nach draußen geschlossen bleiben. (Foto: animals digital/Thomas Brodmann)

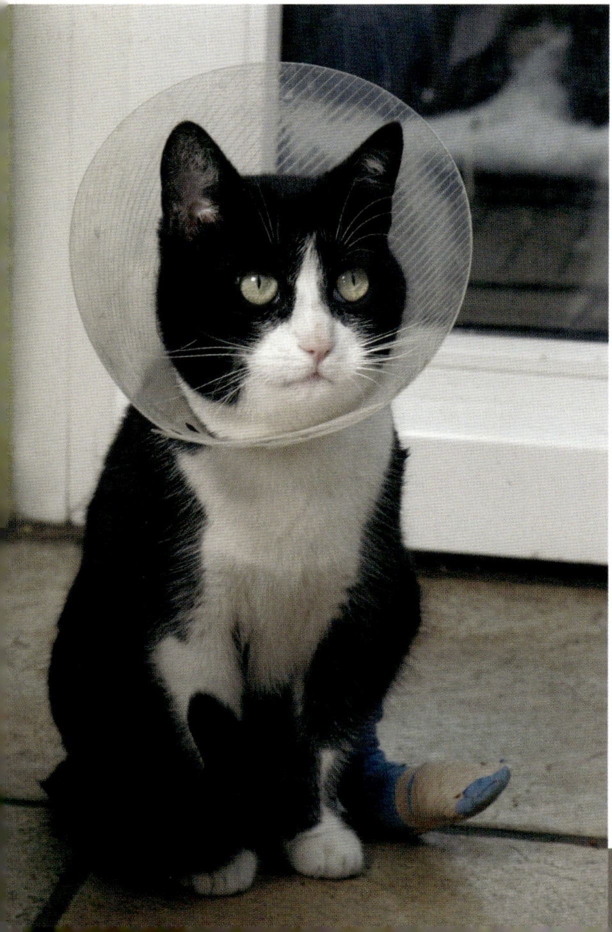

Wenn die Tür geschlossen bleibt

Eine gute Bindung und vielfältige erprobte Beschäftigungsmöglichkeiten sind nicht nur draußen von Vorteil, sondern auch dann, wenn der Freigang einmal nicht möglich sein sollte. Eine Katze, die Freigang gewohnt ist und regelmäßig einfordert, wird sich in der Regel nicht mehr an reine Wohnungshaltung gewöhnen lassen. Dennoch ist es manchmal nötig, auch Freigänger vorübergehend in ihrer Freiheit zu beschränken.

Krankheit, Nachwuchs, Baustelle vor der Tür – es gibt viele Gründe, aus denen man der Katze den Freigang zeitweise verwehren muss. Solche Zeiten sind weder für die Katze noch für ihren Besitzer schön und erfordern starke Nerven. Am wichtigsten ist in einer solchen Situation, Ausbruchversuche zu verhindern und Ersatzbeschäftigungen zu finden, um die Zeit im Haus erträglicher machen. Falls die Katze krank sein sollte oder sich um ihren Nachwuchs kümmert, ist das natürlich etwas einfacher. In diesem Fall ist sie entweder nicht so agil wie sonst oder mit ihren eigenen Belangen beschäftigt.

In allen anderen Fällen ist in besonderem Maße Achtsamkeit und Kreativität gefragt. Viele Freigänger nutzen jede noch so kleine Gelegenheit zu entkommen. Fenster sind dabei besonders beliebt, aber auch an Türen muss man aufpassen, wenn man selbst das Haus verlassen oder betreten will. Schnell ist auch die sonst eher träge Katze entwischt. Sicherer ist es, die Katze bei ausreichendem Raumangebot so unterzubringen, dass sie keinen direkten Zugang zur Eingangstür und zu geöffneten Fenstern hat.

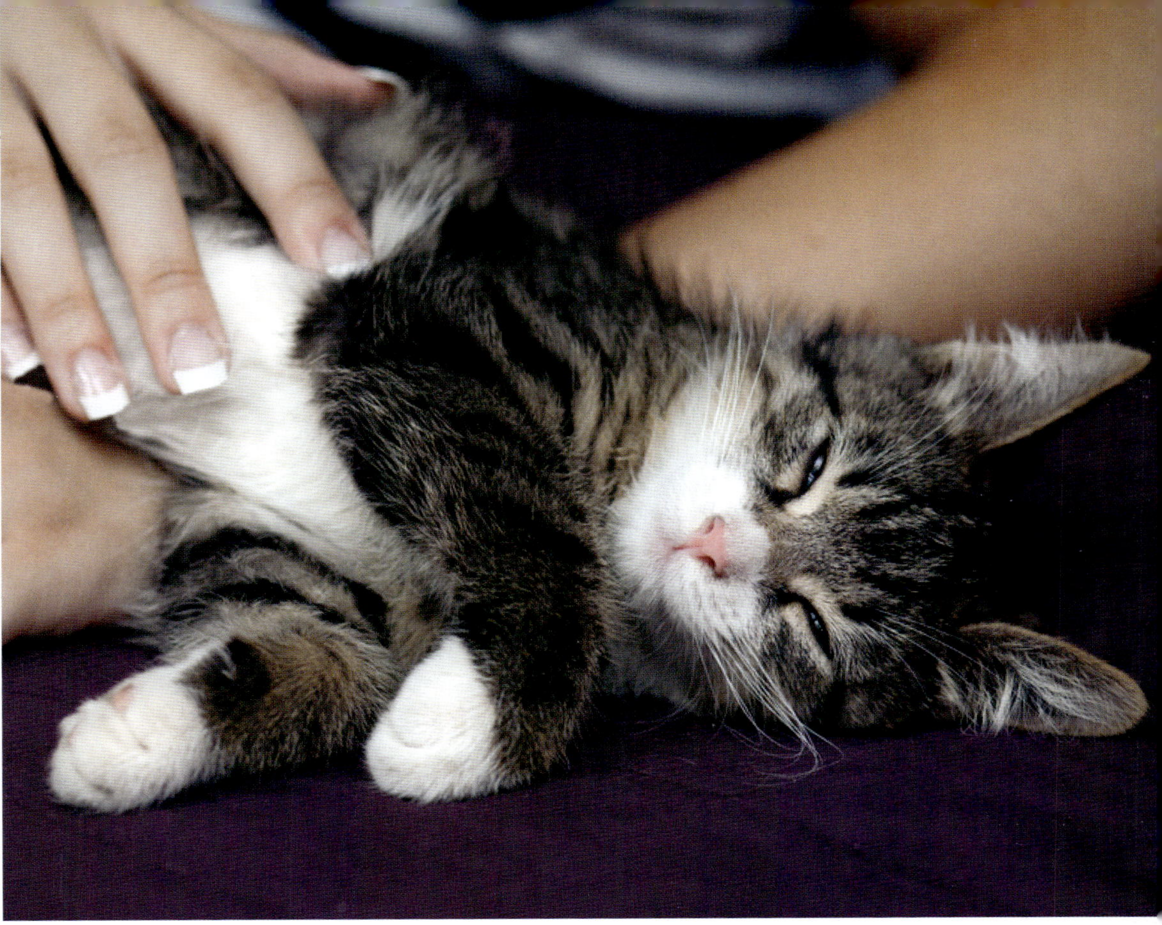

Wenn die Katze das Haus hüten muss, kann man versuchen, ihr diese Zeit mit extra Spiel- und Streicheleinheiten zu versüßen. (Foto: Shutterstock.com/Okssi)

Kampf der Langeweile

Um die Langeweile im Haus zu bekämpfen, eignen sich vor allem Jagdspiele. Da die Katze draußen viel Zeit mit der Jagd verbringt, wird sie dies am meisten vermissen. Dennoch kann Spielzeug eine echte Maus natürlich nicht ersetzen und darum manchmal auch nicht so recht begeistern. Alternativangebote wie beispielsweise Intelligenzspielzeuge, bei denen die Katze Leckerchen aus einem Labyrinth fummeln muss, oder auch mit Katzenminze oder Baldrianwurzel gefüllte Spielzeuge können für kurzfristige Ablenkung sorgen. Spiele, bei denen die Samtpfote sich einen Teil ihres Futters über den Tag verteilt erarbeiten muss, sind ebenfalls gut geeignet.

Ignorieren will gelernt sein

Viel Beschäftigung der im Haus verharrenden Katze ist zwar einerseits wichtig, um die Zeit etwas zu verkürzen. Andererseits sollte man sich jedoch davor hüten, der Katze ununterbrochen Aufmerksamkeit zu schenken. So zieht man sich im schlimmsten Fall einen Dauerquengler heran. Jaulorgien vor der Tür sollten daher – auch wenn es schwerfällt – so gut es geht ignoriert werden. Verhält sich die Katze ruhig, kann man versuchen, ihr ein Spiel oder eine zusätzliche Streicheleinheit anzubieten. Mit viel Einfallsreichtum und starken Nerven lässt sich so eine vorübergehende Ausgangssperre gut bewältigen.

(Foto: Shutterstock.com/Vadym Drobot)

Mobil und *gesund*

Eine Hauskatze kann 15 bis 20 Jahre alt werden, manche werden sogar noch älter. Doch um dieses Alter zu erreichen, ist nicht nur eine gute genetische Veranlagung, artgerechtes Futter und ein gesundes Verhältnis von Aktivitäts- und Ruhephasen wichtig. Ohne medizinische Versorgung würden viele Katzen nicht halb so alt werden, wie es bei unseren wohlbehüteten Freigeistern der Fall ist.

Infektionskrankheiten

Durch Viren oder Bakterien übertragene Krankheiten stellen neben Unfällen die größte Gefahr für unsere Samtpfoten dar, wenn wir ihnen den Aufenthalt im Freien genehmigen. Das Problem: Viele der Krankheiten werden nicht nur im direkten Kontakt von Tier zu Tier übertragen, sondern möglicherweise auch über den Menschen oder sogar Gegenstände.

Die wichtigsten Infektionskrankheiten sind:

- **Katzenschnupfen**
  Von dieser wohl am weitesten verbreiteten Infektionskrankheit bei Katzen werden vor allem junge, gestresste oder geschwächte Tiere befallen. Im akuten Stadium ist er nicht

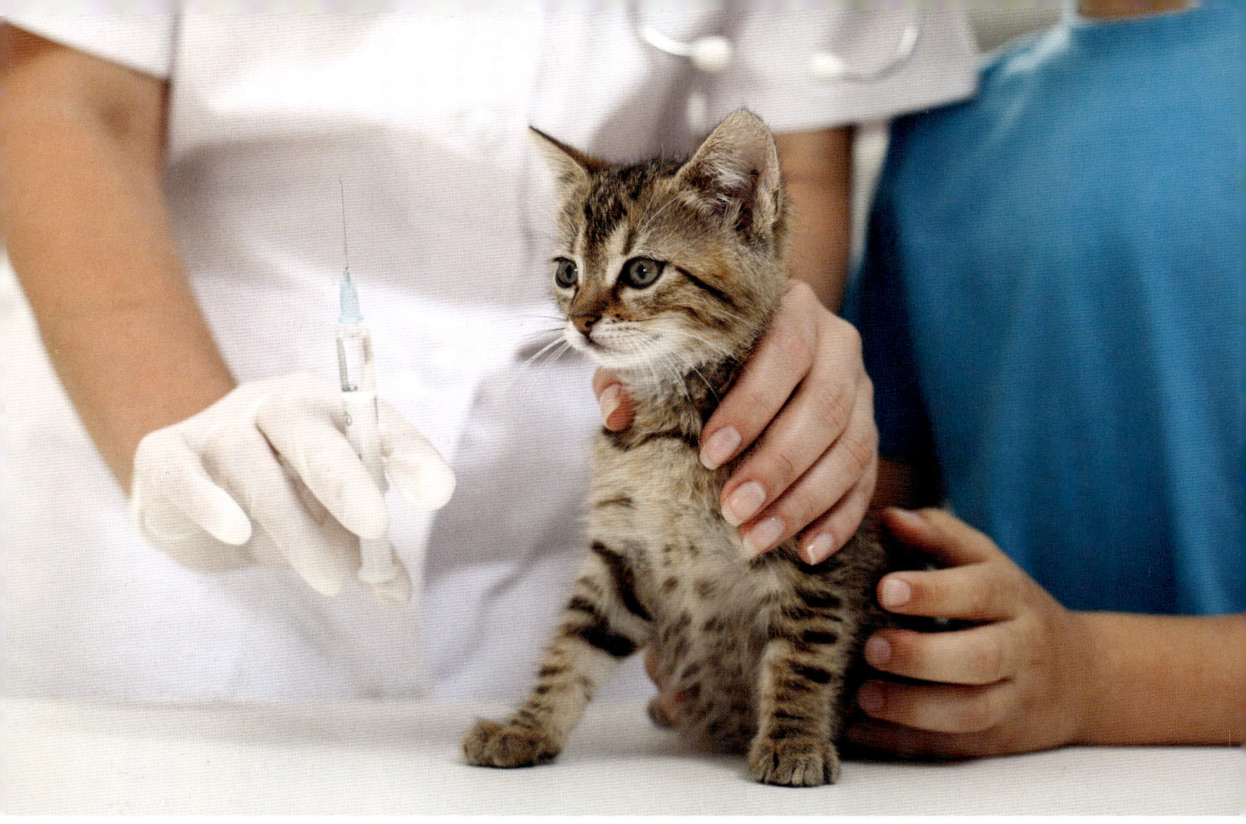

Gegen die wichtigsten Infektionskrankheiten sollten Katzen mit einer Impfung geschützt werden. (Foto: Shutterstock.com/Ilike)

mehr als ein „normaler" Schnupfen, unbehandelt kann er jedoch schnell chronisch werden, aufgrund andauernder Bindehautentzündungen zu Erblindung und sogar zum Tod führen.

Katzenseuche

Sie verursacht oft ähnliche Symptome wie der Katzenschnupfen, aber auch blutiger Durchfall, Magen-Darm-Probleme und vielfältige weitere Symptome können vorkommen und die Diagnose erschweren. Auch symptomlose Verläufe der Krankheit sind bekannt. Die Katzenseuche ist hoch ansteckend und verläuft meist tödlich.

Feline Bauchfellentzündung (FIP)

Bei der sogenannten feuchten FIP füllt sich der Bauchraum der Katze mit Flüssigkeit, der Bauch wird dabei sehr groß und weich. Die trockene Form geht mit größeren Knoten im Bauch, aber auch in Gehirn und Lunge einher.

Felines Immundefizienz-Virus (FIV)

Dieses Virus löst bei Katzen eine Immunschwäche ähnlich der HIV-Infektion beim Menschen aus. Die Erkrankung verläuft lange Zeit symptomlos und führt im fortgeschrittenen Stadium durch Sekundärinfektionen zum Tod. Das Virus wird in erster Linie durch Bissverletzungen übertragen.

Leukose (FeLV)

Der Erreger dieser hoch ansteckenden Krankheit, die auch als Katzenleukämie bezeichnet wird, kann monate- und jahrelang im Katzenkörper schlummern, ohne auszubrechen. Manche Katzen können eine Infektion ohne erkennbare Symptome durchmachen. Bricht die Krankheit aber aus, verläuft sie tödlich. Bei Leukose kommt es zu einer Wucherung der weißen Blutkörperchen, Tumorbildung, Immunschwäche und anderen Symptomen wie Zahnfleischentzündungen und Gelbsucht.

Tollwut

Tollwut kommt in Deutschland dank großflächiger Impfprogramme zwar nur noch sehr selten vor. Dennoch sind Freigängerkatzen gefährdet, da die Krankheit über viele Wildtiere übertragen werden kann. Tollwut endet immer tödlich und kann durch Bissverletzungen auch für den Menschen gefährlich werden.

Impfen: Vorbeugen ist besser

So schlimm die genannten Krankheiten sind, so einfach lässt sich vielen von ihnen mit Impfungen vorbeugen. Für Freigängerkatzen sind Schutzimpfungen gegen Katzenschnupfen und Katzenseuche dringend zu empfehlen. Eine Leukoseimpfung ist dann sinnvoll, wenn die Katze nachweislich noch nicht mit dem Erreger in Kontakt gekommen ist – dies kann beim Tierarzt getestet werden. Die Tollwutimpfung ist angebracht, wenn man in einem tollwutgefährdeten Gebiet wohnt oder die Katze ins Ausland oder auf Ausstellungen mitgenommen werden soll. In diesen Fällen ist ein gültiger Tollwutschutz meist vorgeschrieben.

Gegen welche Krankheiten und in welchen Impfintervallen eine Katze geimpft werden sollte, kann nicht pauschal beantwortet werden. Der Katzenhalter sollte sich informieren und dann mit dem Tierarzt besprechen, welche Impfstrategie die je nach Lebenssituation beste für die Katze ist.

Parasiten

Beim Streifen durch die Natur und beim Verspeisen von Beutetieren kommt der Freigänger unweigerlich in Kontakt mit Parasiten aller Art. Unterschieden wird zwischen den im Fell oder auf der Haut lebenden Ektoparasiten und den Endoparasiten, die ins Körperinnere eindringen.

Würmer

Besonders Spul- und Bandwürmer werden von Katzen über befallene Mäuse aufgenommen. Sie ernähren sich im Körper der Katze von den Nährstoffen, die sie mit der Nahrung aufnimmt.

Häufig zeigt die Katze bei Wurmbefall Beschwerden wie Durchfall und Erbrechen. Ihr Fell wird struppig und sie nimmt ab, bekommt eventuell einen Blähbauch. Auch werden manchmal sichtbar Würmer oder Wurmteile über den Kot ausgeschieden. Sollte man einen Wurmbefall an seiner Katze bemerken, ist dieser in der Regel schon weit fortgeschritten. Besonders problematisch ist, dass Würmer nicht nur von Tier zu Tier, sondern auch auf den Menschen übertragbar sind.

Deshalb entwurmen viele Freigängerhalter ihre Katze auch ohne konkreten Verdacht ein- bis viermal im Jahr mit Tablette, Paste oder einem flüssigen sogenannten Spot-on, das in den Nacken der Katze geträufelt wird.

Zu bedenken ist, dass eine Wurmkur nie vorbeugend, sondern nur bei einem konkreten Befall wirkt. Eine frisch entwurmte Katze kann daher kurze Zeit später bereits neue Würmer aufgenommen haben. Hat die Katze zum Zeitpunkt der Entwurmung keinen Befall, ist die Wurmkur hingegen nutzlos.

Eine Wurmkur wirkt nicht vorbeugend, sondern nur bei akutem Befall. (Foto: Shutterstock.com/Yellowj)

Um den Katzenkörper nicht unnötig mit Wurmkuren zu belasten, kann man in etwa alle drei Monate den Kot von drei Tagen sammeln und beim Tierarzt auf Würmer untersuchen lassen. Das lässt sich bei Freigängern zwar oft nur schwer praktizieren, stellt aber sicher, dass die Katze die entsprechenden Medikamente nur bei Bedarf erhält.

Giardien

Giardien sind hartnäckige einzellige Darmparasiten, die über die Nahrung oder durch Schmierinfektionen übertragen werden. Sie verursachen chronischen Durchfall, der besonders bei jungen Katzen schnell lebensbedrohlich werden kann. Sie sind leicht auch auf den Menschen übertragbar und recht langwierig zu behandeln, weshalb bei einem Verdacht auf Giardien sofort der Tierarzt aufgesucht und mit der Behandlung sowie verschärften Hygienemaßnahmen begonnen werden sollte.

Flöhe, Läuse und Haarlinge

Flöhe, Läuse und Haarlinge gehören zu den Ektoparasiten, die auf ihrem Wirt leben und sich zum Beispiel von seinem Blut ernähren. Auf den ersten Blick sind sie oft nicht zu erkennen – dafür sind die Symptome umso deutlicher: Die Bisse verursachen Juckreiz, die Katze kratzt sich ständig und ist oft auch nervös. Kämmt man mit einem Flohkamm das Fell der Katze aus, kann man mitunter einzelne Tierchen oder deren Kot erkennen, der sich in Verbindung mit Wasser rot färbt.

Ein Befall erfordert schnelles Handeln, da sich die kleinen Blutsauger rasant vermehren. Spezielle Spot-ons und andere Mittel wie Sprays oder Puder gibt es beim Tierarzt oder in der Apotheke. Da Flöhe ihre Eier nicht nur auf der Katze, sondern auch in der Katzenumgebung wie den Schlafplätzen verteilen, muss die Behandlung sehr gründlich und großflächig erfolgen. Decken, Kissen und so weiter sollten möglichst im Kochwaschgang gereinigt werden. Sonst besteht die Gefahr, kurze Zeit später wieder mit dem gleichen Problem zu kämpfen.

Da Antiflohmittel nicht nur für kleine Plagegeister schädlich sind, sondern auf Dauer auch die Gesundheit der Katze angreifen, sollten sie nach Möglichkeit nicht vorbeugend, sondern nur bei konkretem Befall angewendet werden.

Zecken

Es bleibt nicht aus, dass Freigänger von ihren Streifzügen durch Feld und Flur auch Zecken mit nach Hause bringen. Tägliche Streicheleinheiten tun nicht nur Mensch und Katze gut, sondern helfen auch, die unangenehmen Spinnentiere frühzeitig zu entdecken. Dies ist wichtig, denn die Gefahr der Übertragung verschiedener Krankheiten steigt mit der Dauer, die die Zecke am Tier festsitzt.

Zecken kann man mit einer Pinzette, einer Zeckenzange oder Zeckenkarte (in Apotheken erhältlich) entfernen. Wichtig ist, das ganze Tier zu entfernen, der Kopf darf nicht stecken bleiben. Vorher keine Mittel wie Öl, Creme oder Ähnliches auftragen.

Vorbeugend gibt es Präparate, die Zecken abwehren – sie sind oft gleichzeitig gegen mehrere Ektoparasiten wirksam. Bei der Wahl des richtigen Mittels sollte man sich vom Tierarzt beraten lassen. Hände weg von Zeckenschutzmitteln für Hunde. Sie enthalten oft den für Katzen hochgiftigen Wirkstoff Permethrin.

Milben

Insbesondere von Ohrmilben werden Katzen, die viel draußen sind, gern befallen. Anzeichen sind häufiges Kopfschütteln und übermäßiges Ohrenschmalz. Da die Milbenbekämpfung oft sehr langwierig ist, sollte man bei Verdacht so schnell wie möglich einen Tierarzt aufsuchen und mit der Behandlung beginnen.

Zecken können verschiedene Krankheiten übertragen und sollten so schnell wie möglich entfernt werden.
(Foto: Shutterstock.com/Henrik Larsson)

Erste Hilfe

Jeder Besitzer eines Freigängers hofft, dass seine Katze niemals in einen Unfall verwickelt wird. Doch leider passiert schnell etwas, und dann ist rasches Handeln gefragt. Eine verletzte Katze gehört so schnell wie möglich zum Tierarzt oder in eine Tierklinik. Doch die Zeit auf dem Weg dorthin ist kostbar, wenn es um die Rettung schwer verletzter Tiere geht. Die Grundlagen der Ersten Hilfe sollte deshalb jeder Freigängerhalter kennen. Zum Erlernen und Üben von Maßnahmen wie dem richtigen Umgang mit bewusstlosen Katzen, der Versorgung von Wunden und dem richtigen Transport zum Tierarzt gibt es gute Seminare und Literatur (siehe Seite 78).

Auch wenn es schwerfällt: Am wichtigsten in einer Notsituation ist es, Ruhe zu bewahren und die Katze vorsichtig vom Unfallort zu entfernen, wenn es sich dabei beispielsweise um eine Straße handelt. Dabei muss man äußerste Vorsicht walten lassen, denn auch die sanfteste Katze kann unter Schmerzen wild um sich beißen, kratzen oder im schlimmsten Fall versuchen, wegzulaufen. Hilfreich sind dicke Handschuhe, eine Decke oder Jacke, die den Helfer selbst vor Verletzungen schützen.

Als nächster Schritt sollte sofort der Tierarzt über den Unfall informiert werden, damit dieser entweder selbst kommen oder in der Praxis schon alles für die schnelle Versorgung des Patienten vorbereiten kann. In regionalen Tageszeitungen und Anzeigenblättern sind in der Regel die tierärztlichen Notdienste vermerkt, falls zur Zeit des Unfalls der nächstgelegene Tierarzt keine Sprechstunde hat.

Es ist sinnvoll, die entsprechenden Rufnummern auf einem Zettel zu notieren, der in der Nähe des Telefons aufbewahrt wird, oder man speichert sich die Nummern am besten direkt ins Mobiltelefon ein. Wenn man dem Tierarzt schon am Telefon kurz schildert, was passiert ist und welche Symptome die Katze zeigt, kann er sich auf den Notfallpatienten vorbereiten, und weitere unter Umständen kostbare Minuten werden gespart.

Auch die liebste Katze kann zur Furie werden, wenn sie Schmerzen hat. (Foto: Shutterstock.com/Gary Nugent)

Ausflüge für Katzensenioren

Bei vielen Katzen verläuft der Alterungsprozess nicht schleichend, sondern relativ plötzlich. Springt die Samtpfote noch mit 17 Jahren wie ein junges Kätzchen umher, kann es ein paar Monate später schon sein, dass sie nur mit Mühe den Sprung aufs Sofa schafft.

Dennoch können alte Katzen ein sehr glückliches Leben führen, wenn sie keine Schmerzen oder schwerwiegenderen Erkrankungen haben. Sie sind einfach nur etwas ruhiger und behäbiger als ihre jüngeren Artgenossen. Wichtig ist, vermeintliche Alterserscheinungen immer tierärztlich abklären zu lassen. Nicht jedes Ruhigerwerden ist nur altersbedingt – manchmal stecken auch Erkrankungen dahinter, die gut behandelt werden können, wenn sie rechtzeitig erkannt werden.

Viele Freigängerkatzen verlassen mit zunehmendem Alter das Haus nicht mehr so oft und so lange wie früher. Ihre Wege werden kürzer, die Zeit, die sie dafür brauchen, nimmt dagegen zu. Die Sinne sind nicht mehr ganz so scharf wie früher, Gegenstände im Garten werden zum Beispiel nicht mehr so gut gesehen, der Ruf des Besitzers zur Fütterung nicht mehr so gut gehört.

Auf viele veränderte Bedürfnisse der alten Katze kann der Mensch problemlos eingehen. Beispielsweise haben viele ältere Tiere ein gesteigertes Bedürfnis nach Wärme und Ruhe und verbringen lieber mehr Zeit im Haus als draußen. Hier muss man mitunter von eingespielten Ausgehzeiten Abschied nehmen oder ein paarmal öfter die Tür öffnen als gewohnt. Vielleicht gewährt nach Absprache auch ein Nachbar dem Katzensenior bei eigener Abwesenheit Einlass.

Manche Katzen entwickeln mit zunehmendem Alter Eigenheiten, die für uns Menschen sehr anstrengend sein können. Das ist besonders dann der Fall, wenn Seh-, Hör- und Geruchssinn nachlassen. Die Katze wird dann mitunter sehr anhänglich, weil sie ihre Menschen nicht mehr sieht, sehr laut, weil sie sich selbst nicht mehr hört, oder sie verschmäht ihr Lieblingsfutter, weil sie es nicht mehr so gut riechen kann. Manche Katzen werden auch unsauber oder vergesslich oder bekommen typische altersbedingte Krankheiten wie Arthrose oder Rheuma.

Auch das Reaktionsvermögen und die Beweglichkeit nehmen ab. Deshalb ist es nötig, die aktuellen Bedingungen des Freilaufs für die alte Katze noch einmal zu überprüfen und gegebenenfalls zu verbessern. Ist die Katze noch fit genug, um Revierstreitigkeiten gut zu überstehen, oder braucht sie unter Umständen unterstützende Begleitung bei ihren Ausgängen? Kann sie die Gefahren ihrer Umgebung noch ausreichend wahrnehmen oder muss sie besser beaufsichtigt werden? Kann sie alle relevanten Plätze in Haus und Garten inklusive Katzenklappe und Liegeplatz noch unbeschwert nutzen oder müssen eventuell Umbauten vorgenommen werden?

Irgendwann kommt bei vielen Katzen jedoch der Zeitpunkt, ab dem uneingeschränkter Freigang schwierig wird. Hier helfen Kompromisse wie begleiteter Freigang oder ein abgesicherter Garten. Mit vielen Streicheleinheiten und altersgerechter Beschäftigung kann man seiner Samtpfote so noch einen schönen Lebensabend bereiten.

Ältere Katzen werden oft ruhiger, nehmen aber trotzdem noch gern am Leben teil. (Foto: Shutterstock.com/KtD)

(Foto: Shutterstock.com/Natalia Bratslavsky)

Die Katze vor *Gericht*

Die Katze verschreckt das Meerschweinchen in Nachbars Garten? Sie läuft über die Straße und verursacht einen Unfall? Oder der zuständige Jäger lässt nebenbei schon mal die Bemerkung fallen, dass er Katzen in seinem Revier kurzen Prozess machen wird? Mit all diesen Themen wird der Halter eines Freigängers konfrontiert. Gut, dass man sich in vielen Fällen gütlich einigen und das Problem direkt klären kann. Manchmal allerdings sind Situationen so festgefahren, dass nur noch ein Gang zum auf Tierrecht spezialisierten Anwalt helfen kann. Dieses Kapitel vermittelt deshalb einige grundlegende Kenntnisse der Rechtslage.

In Frieden leben mit der Nachbarschaft

Freigängerkatzen sind bei den Nachbarn nicht immer gern gesehene Gäste, sondern geben häufig auch Anlass für einen handfesten Streit. Besonders bei Hobbygärtnern ist Katzenkot im Blumenbeet ein Ärgernis. Ebenso werden das durch das eifrige Raubtier verschreckte Meerschweinchen oder das zerkratzte Stoffdach des neuen Cabrios selten Begeisterungsstürme auslösen. Wer Glück und verständnisvolle Nachbarn hat, wird solche Situationen mit einem ruhigen

Gespräch entschärfen und eine Lösung finden können. Das kann vom im eigenen Garten angelegten Katzenklo oder dem mitfinanzierten einbruchsicheren Nagergehege bis zu eingeschränkten Ausgehzeiten oder einem Anruf bei der eigenen Haftpflichtversicherung alles sein, was hilft und mit dem Mensch und Katze leben können. Vor allem in ländlichen Gegenden besitzen Freigängerhalter zwar einige Rechte, dennoch sollte man darüber nicht vergessen, Rücksicht auf Mitmenschen zu nehmen, die nicht ganz so begeistert vom Hobby Katzenhaltung sind.

Die Wohngegend entscheidet

Wie viele Katzen und welche Beeinträchtigungen durch diese der Nachbar hinnehmen muss, ist nicht einheitlich geregelt. Teilweise wird die Katze von den Gerichten als Teil der natürlichen Umwelt gewertet. In diesem Fall stellt weder das Betreten von fremden Grundstücken noch das Hinterlassen von Kot eine Beeinträchtigung dar. Manchmal ist aber auch das genaue Gegenteil der Fall.

So gibt es Gerichtsurteile, die das Betreten des Grundstücks durch Katzen als Eingriff ins Eigentum beurteilen. Andere Regelungen besagen, dass nur ein bis zwei Tiere auf dem eigenen Grundstück geduldet werden müssen.

Nicht jeder Nachbar freut sich über fremde Katzen in seinem Garten. (Foto: Shutterstock.com/Jorg Hackemann)

In vielen Fällen hängt die Entscheidung des Gerichts davon ab, in welcher Gegend man wohnt. In der Großstadt wird das Urteil zugunsten des sich gestört fühlenden Nachbarn ausgehen. In Vororten und auf dem Land jedoch gehören Katzen zum Leben dazu und müssen normalerweise im üblichen Rahmen geduldet werden. Doch auch hier sind der Katzenhaltung Grenzen gesetzt. Denn sobald aus zwei Katzen eine große Schar von Tieren wird, die nicht nur ab und an einmal in Nachbars Garten vorbeischauen, sondern diesen als dauerhaften Aufenthaltsort betrachten, ist auch hier mit Einschränkungen zu rechnen, falls der Streit vor Gericht ausgetragen wird.

Nicht alles ist erlaubt

Dass Katzen in ländlichen Gegenden zum Ortsbild gehören und dementsprechend auch häufig auf fremden Grundstücken anzutreffen sind, heißt noch lange nicht, dass sie dort tun dürfen, was sie wollen. Katzenkot gehört zwar im normalen Maß dazu, regelmäßiges Eindringen in Häuser oder durch die Katze verursachte Schäden müssen aber nicht hingenommen werden. Hier gilt es als Katzenhalter so früh wie möglich einzuschreiten und seiner Samtpfote Grenzen aufzuzeigen – auch wenn das oft nicht ganz einfach ist. Schließlich lassen sich die eigensinnigen Vierbeiner im Freigang nur schwer kontrollieren. Zwar kann man auf gutmütige Nachbarn oder einen positiven Gerichtsbeschluss hoffen. Fällt dieser aber negativ aus, muss schnell gehandelt werden, um die Katze von ihren Untaten in fremden Gefilden abzuhalten – eine in kurzer Zeit nicht zu bewältigende Aufgabe.

Zur Entschärfung kritischer Situationen können auch die Nachbarn selbst beitragen, wenn sie denn dazu bereit sind. Dass fremde Katzen nicht gefüttert werden sollten, ist nicht unbedingt jedem klar. Hier muss man gegebenenfalls gesondert darauf hinweisen. Außerdem können Nachbarn mit lautstarkem Verscheuchen oder notfalls mit einer Wasserpistole der Katze den Aufenthalt in ihrem Garten nachhaltig verleiden.

Katzen im Garten müssen normalerweise geduldet werden. Betreten sie aber regelmäßig fremde Häuser, kann es Ärger geben. (Foto: Shutterstock.com/Eric Fahrner)

Gut versichert

Hat die eigene Katze einen Schaden verursacht, ist das zumindest in finanzieller Hinsicht kein Grund zum Verzweifeln. Schließlich übernimmt den Ausgleich normalerweise die Haftpflichtversicherung. Ob toter Koi, zerkratztes Autodach oder Bissverletzung – diese Schäden werden durch die eigene Versicherung beglichen. Eine spezielle Halterhaftpflichtversicherung wie etwa beim Hund gibt es für Katzen nicht. Im Zweifelsfall sollte man bei seiner Versicherungsgesellschaft erfragen, ob die Katze mitversichert ist.

Entgegenkommen zeigen

Während man als Besitzer von Freigängerkatzen mit einer guten Versicherung auf der sicheren Seite ist, haben es die durch Katzen geschädigten Nachbarn oft schwer zu beweisen, welche Katze auf dem Grundstück ihr Unwesen getrieben hat. Denn Samtpfoten begehen die meisten Untaten zu Zeiten, zu denen sie sich nicht

Durch Katzen verursachte Schäden werden normalerweise von der Haftpflichtversicherung des Katzenhalters übernommen. (Foto: Shutterstock.com/Anna Jurkovska)

gestört fühlen. In der Regel wird man die Katze daher nur selten auf frischer Tat ertappen, und falls doch, hat man normalerweise keine Kamera zur Hand. Ohne Beweise ist es jedoch schwierig bis unmöglich, Schadensersatzansprüche zu stellen. Hat man als Katzenbesitzer daher die Vermutung, dass die eigene Katze als „Täter" infrage kommt, sollte man um des lieben Friedens willen von sich aus den Schaden begleichen und es nicht auf einen Streit und Antipathien gegenüber der Katze ankommen lassen. Insbesondere dann, wenn andere Lebewesen zu Schaden gekommen sind, sollte man Verständnis aufbringen. Schließlich hängt der Nachbar oft mindestens genauso am eigenen Tier wie man selbst.

Vorsicht, bissig!

Bei unvorsichtigen Menschen kann es immer einmal passieren, dass die Katze kratzt. Im Gegensatz zu den meist ungefährlichen Kratzern können Bisse durch eine Katze sich leicht entzünden und dann sehr gefährlich werden. Falls die eigene Katze häufig zu solchen Ausfällen neigt, sollte man überlegen, ob Freigang in einer Umgebung, in der viele Menschen leben, die richtige Entscheidung für alle Beteiligten ist. Jedoch sehen auch viele Gerichte im Prozessfall eine Mitschuld beim Geschädigten, wenn dieser sich dem Tier aus freien Stücken genähert und es gestreichelt hat. Ein solches Mitverschulden kann die Höhe des Schadensersatzanspruches zwar beeinflussen, haftbar ist man für solche Attacken aber in jedem Fall.

Katze und Auto

Die größten Gefahren für Katzen im Freigang birgt der Straßenverkehr. Da man Katzen keine Verkehrsregeln beibringen kann und sie die Geschwindigkeit eines herannahenden Fahrzeugs nur schwer einschätzen können, sind Unfälle schnell passiert.

Auch erhöhte Aufmerksamkeit des Autofahrers und eine langsame Fahrweise können Zusammenstöße nicht in jedem Fall verhindern. Huscht die Katze zwischen parkenden Autos hervor, ist rechtzeitiges Bremsen auch bei niedrigen Geschwindigkeiten oft nicht mehr möglich. In vielen Fällen geschehen solche Unglücke aber nicht im Beisein der Besitzer und manchmal sogar weiter entfernt, als man die Katze jemals vermutet hätte. So kommt es häufig vor, dass Autofahrer und Katzenhalter nach einem Unfall nicht aufeinandertreffen. Ist das allerdings doch der Fall, gesellt sich zu Sorgen, Trauer und Schuldgefühlen unter Umständen die Frage nach der Haftung.

Wer haftet?

Die Tierarztkosten können nach einem Unfall recht beträchtlich ausfallen. Ebenso entstehen durch solch einen Zusammenstoß häufig Schäden am Fahrzeug, die bezahlt werden müssen. Letzteres kann man als Katzenhalter durch seine Haftpflichtversicherung regeln lassen. Schwieriger ist es jedoch, wenn man selbst Kosten erstattet haben möchte. Schließlich befinden sich Katzen im Freigang außerhalb der Kontrolle ihrer Besitzer, die auch bei einem Verkehrsunfall grundsätzlich für das unberechenbare Verhalten ihres Tiers haften müssen. Allerdings gibt es auch Fälle, in denen den Autofahrer eine Schuld oder Teilschuld trifft, sodass dieser den Schaden an der Katze oder zumindest einen Teil davon bezahlen muss. Dazu muss man aber wissen und am besten nachweisen können, wie sich der Unfall ereignet hat. Trifft den Autofahrer eine Schuld, weil er sich verkehrswidrig verhalten oder er die Katze gar absichtlich überfahren hat, muss er für sein Verhalten geradestehen. Allerdings ist es recht selten, dass ein solcher Autofahrer nach einem Unfall nicht sofort die Flucht ergreift. In den meisten Fällen wird der Katzenhalter daher auf seinen Kosten sitzen bleiben. Ein Verlust der geliebten Samtpfote lässt sich sowieso durch nichts wiedergutmachen.

Manchmal bieten Autos guten Schutz – öfter allerdings werden sie zu einer tödlichen Gefahr für die Katze. (Foto: Schneider)

Wenn man selbst der Fahrer ist

Auch Katzenbesitzer selbst sind als Autofahrer nicht vor Unfällen mit anderen Katzen gefeit. Jeder Tierhalter wird reflexartig vermutlich versuchen zu bremsen oder auszuweichen. Dieses Verhalten ist aber mitunter gefährlich, da es schlimme Verkehrsunfälle nach sich ziehen kann. Deshalb ist das Bremsen für Kleintiere auch nicht generell erlaubt. Hohe Schäden durch ein Ausweich- oder Bremsmanöver sollen durch diese Regelung vermieden werden. Andererseits muss natürlich niemand innerorts eine Katze überfahren, nur um einen Blechschaden durch einen möglichen leichten Auffahrunfall zu vermeiden. Wer für einen entstandenen Schaden aufkommen muss, hängt stark von der jeweiligen Situation ab und ob der Halter der Katze ermittelt werden kann. Hier klären die jeweiligen Versicherungen die Frage der Haftung.

Was das Jagdrecht sagt

Schätzungen zufolge werden jährlich mehr als 300 000 Katzen bei der Jagd erschossen. Kommt der geliebte Vierbeiner von seinem Ausflug in den Wald nicht nach Hause, steht häufig der Waidmann in Verdacht, am Verschwinden der Katze schuld zu sein.

Grundsätzlich gehört es zu den Aufgaben von Jägern, den Wildbestand vor wildernden Haustieren zu schützen. Ein Abschuss ist in vielen Fällen also vollkommen legal. Doch wann eine Katze als wildernd gilt und ob der Jäger von seinem Recht zu schießen Gebrauch macht, ist nicht nur abhängig von den Gesetzen im jeweiligen Bundesland, sondern auch vom Charakter des Jägers. Viele Jäger sind selbst Tierbesitzer und würden nie oder nur im Notfall ein Haustier töten. Manche hingegen machen von ihrem Recht zum Abschuss gern Gebrauch.

Eine Frage der Entfernung

Als wildernd gilt eine Katze in den meisten Bundesländern schon dann, wenn sie nur in einer bestimmten Entfernung vom nächsten bewohn-

So mancher Jäger schießt mitunter auch auf Katzen. (Foto: Shutterstock.com/Pedro Monteiro)

ten Gebäude angetroffen wird. Das können 200 bis 500 Meter sein – eine Entfernung, die jeder Freigänger in kürzester Zeit zurücklegt, besonders, wenn ein mäusereiches Gebiet lockt. Katzen sind also schon wildernd, wenn sie nur zur falschen Zeit am falschen Ort sind, auch ohne dass sie einem Wildtier nachstellen. Nur wenige Bundesländer, wie beispielsweise Rheinland-Pfalz oder Hessen, haben andere Regelungen. Hier ist außerdem von einem Abschuss abzusehen, wenn andere Mittel ausreichen, um die Katze vom Wild zu verscheuchen.

Nicht nur durch den Abschuss auf freiem Feld, auch durch sogenannte Lebendfallen können Katzen bei ihren Streifzügen in Gefahr geraten. In diesen sollen nachtaktive Tiere wie Fuchs, Dachs und Marder gefangen werden, die dem Jäger sonst nur sporadisch vor die Flinte laufen. Allerdings sind auch Katzen gern nachts unterwegs und können unter Umständen in eine dieser Fallen geraten. Was mit den auf diese Weise gefangenen Tieren im Anschluss passieren darf, ist wiederum vom jeweiligen Bundesland abhängig. In vielen Fällen gibt es in dem entsprechenden Gesetz keine Aussage dazu. Manche Bundesländer erlauben eine Tötung des gefangenen Haustiers, andere nicht oder nur, wenn auf zumutbare Weise kein Besitzer ausfindig gemacht werden kann.

Kontakt aufnehmen

Wohnt man in der Nähe eines Jagdreviers, sollte man unbedingt Kontakt zum zuständigen Jäger aufnehmen. Wenn man ihm erklärt,

Nicht nur der Jäger, auch die Katze geht im Wald ihrer Leidenschaft nach. (Foto: Shutterstock.com/Vishnevskiy Vasily)

In Deutschland leben schätzungsweise zwei Millionen verwilderte Hauskatzen. (Foto: Shutterstock.com/vicspacewalker)

dass man der eigenen Katze Freigang ermöglichen möchte, wird man leicht erfahren, welche Einstellung er zum Abschuss von Haustieren hat. In den meisten Fällen wird man seine Katze danach wohl unbesorgt ins Freie lassen können – oder muss sich im Zweifelsfall damit abfinden, dass Freigang in dieser Gegend nicht möglich ist.

Extra: Verwilderte Hauskatzen

Eine Katze, die in geeigneter Umgebung Freigang genießen und sich nach einem spannenden Jagdausflug auf dem heimischen Sofa zusammenrollen kann, führt ein glückliches Leben. Ganz anders sieht das jedoch bei frei laufenden Katzen aus, die kein Zuhause haben – das sind in Deutschland schätzungsweise zwei Millionen Tiere, Tendenz aufgrund hoher Fruchtbarkeit steigend. Anders als die Europäische Wildkatze handelt es sich hierbei nicht um Wildtiere, sondern um ehemalige Haustiere, die auf menschliche Hilfe angewiesen sind und in freier Wildbahn eher schlecht als recht überleben.

Scheu und verwahrlost

Im Gegensatz zu Freigängerkatzen erkennt man einen herrenlosen Streuner vor allem an seiner schlechten gesundheitlichen Verfassung. Da wild geborene Tiere recht scheu sind und sich nur ungern in der Nähe von Menschen aufhalten, bekommt man sie selten zu Gesicht. Manche Tiere, die früher in menschlicher Obhut gelebt haben, schließen sich jedoch relativ leicht wieder dem Menschen an. Diese Katzen können leicht mit entlaufenen Wohnungskatzen oder verirrten Freigängern verwechselt werden. Deshalb sollte man die Fundkatze unbedingt melden und beispielsweise über Tasso oder das nächste Tierheim versuchen, einen möglichen Besitzer ausfindig zu machen.

Wer sich um die Gesundheit wild lebender Katzen kümmert, schützt damit auch die von Freigängern. (Foto: Shutterstock.com/Pavel Vakhrushev)

Hilfe durch und für den Tierschutz

Wer einen oder mehrere scheue Streuner entdeckt, kann sich beispielsweise an einen Tierschutzverein wenden, der häufig Kastrationsprojekte finanziert, um das Elend der wilden Hauskatzen etwas einzudämmen. Schließlich können Katzen zwei- bis dreimal im Jahr Nachwuchs zur Welt bringen, der dann seinerseits mit einem halben Jahr wieder geschlechtsreif wird. Tierschützer kommen häufiger mit wild lebenden Katzen in Kontakt und haben meist die nötige Erfahrung, um den Tieren zu helfen, ohne sie unnötig zu verschrecken.

Aber auch die Tierschutzvereine stoßen aufgrund knapper Kassen und der großen Anzahl von Streunerkatzen schnell an ihre Grenzen und benötigen Hilfe von außerhalb. Dies kann mit Geldspenden, aktiver Mithilfe oder eigenem Engagement geschehen. So verleihen sehr viele Tierschutzvereine Katzenfallen, mit denen man streunende Katzen einfangen kann. Nachdem man sich überzeugt hat, dass es keinen Besitzer zu diesem Tier gibt, kann man die Katze auf eigene Kosten zur Kastration und medizinischen Behandlung bringen. Die kastrierten Tiere werden in der Regel nach dem Eingriff an der Fundstelle wieder ausgesetzt, da viele von ihnen nicht mehr vermittelbar sind. Doch das ist nur der erste Schritt, um eine weitere Vergrößerung des Elends zu vermeiden.

Futterstellen einrichten

Wilde Katzen finden nur selten ausreichend Schutz und Nahrung. Hier kann man helfen und betreute und sauber gehaltene, überdachte Futterstellen einrichten, an denen die Tiere ein- bis zweimal täglich versorgt werden und einen warmen, isolierten Unterschlupf mit mehreren Fluchtwegen finden. Dafür kann man beispielsweise isolierte Hundehütten mit zwei Eingängen versehen, an einem geschützten Ort aufstellen und mit Stroh auslegen. Solche Ruheplätze werden von Streunern gern genutzt, solange sie nicht zu häufig dort gestört werden. Verbunden mit regelmäßigen Fütterungszeiten hat man gleichzeitig einen Überblick über Neuzugänge, unkastrierte und kranke Tiere, denen schnell geholfen werden muss. Auf Dauer bleibt die wild lebende Katzenpopulation so relativ konstant und vor allem gesund, was sich auch auf die Gesundheit von Freigängerkatzen auswirkt, die während ihrer Ausflüge gelegentlich Kontakt zu herrenlosen Katzen pflegen.

Kann man die Kosten für eine Kastration der Tiere selbst nicht aufbringen oder diese mit anderen Katzenfreunden zusammenlegen, sollte man nicht einfach drauflosfüttern. Zwar ist das Füttern herrenloser Katzen eine gut gemeinte Geste, trägt aber langfristig nur zur Verschlimmerung des Problems bei, solange sich die Katzen weiterhin vermehren. Unter Umständen hat man so schnell statt zwei angefütterten Streunern zehn und mehr Tiere an der Futterstelle, die versorgt werden wollen.

Ehemalige scheue Streuner freuen sich mitunter über ein Plätzchen auf einem Bauernhof, wo sie weiterhin relativ wild leben können, aber trotzdem gut versorgt werden. (Foto: Shutterstock.com/BMJ)

Rückkehr in ein gutes Zuhause

Nicht jede herrenlose Katze muss ein Streuner bleiben. Manchmal ist es möglich, gefangene Tiere zu vermitteln oder selbst aufzunehmen. Vor allem Katzen, die bereits einmal ein Zuhause hatten, sind oft sehr dankbare Hausgenossen, die Familienanschluss nach einer Eingewöhnungsphase sehr zu schätzen wissen. Sehr scheue Katzen lassen sich vielleicht nicht mehr zähmen und im Haus halten, freuen sich aber trotzdem über einen warmen, trockenen Schlafplatz, Futter und Wasser, beispielsweise auf einem Bauern- oder Reiterhof, und danken dies mit der Dezimierung der Mäusepopulation. All diese Katzen haben gemeinsam, dass sie erst durch den Menschen in ihre schlimme Lage geraten sind. Sie sind nun auf andere Menschen angewiesen, die sie aus ihrer ansonsten ausweglosen Situation befreien.

Anhang

Tipps zum Weiterlesen

Internet

www.pfotenhieb.de
Informatives Magazin für Katzenfreunde

www.tasso.net
Größtes Haustierregister Europas

www.tierschutzbund.de/liste_katzenkastrationspflicht.html
Liste von Gemeinden mit Kastrationspflicht

www.alles-fuer-die-katz.de
Onlineshop mit großem Sortiment an sinnvollem Zubehör

http://dubarfst.eu
Informationsportal rund um die Rohfütterung

http://de.wikipedia.org/wiki/Jagdgesetz
Übersicht mit Links zu den Jagdgesetzen der deutschen Bundesländer

Bücher

Helena Dbalý/Stefanie Sigl:
Das Spielebuch für Katzen.
Spielend durchs Katzenleben.
Schwarzenbek: Cadmos, 2008.

Hans-Ulrich Grimm:
Katzen würden Mäuse kaufen.
Schwarzbuch Tierfutter. München: Heyne, 2009.

Christine Hauschild: Trickschule für Katzen.
Spaß mit Clicker und Köpfchen.
Schwarzenbek: Cadmos, 2010.

Lena Landwerth:
Wegweiser Katzenfutter.
Artgerechte Nahrung für den Stubentiger.
Schwarzenbek: Cadmos, 2012.

Monika Peichl:
Haustiere impfen mit Verstand.
Ein kritischer Ratgeber.
Konstanz: Höpfinger, 2009.

Sabine Schroll:
Wenn Katzen Kummer machen.
Verhaltensprobleme verstehen und lösen.
Schwarzenbek: Cadmos, 2009.

Michael Streicher:
Erste Hilfe für meine Katze.
Was man für den Notfall wissen muss.
Schwarzenbek: Cadmos, 2011.

Ute Winderlich:
Praxishandbuch Katzenrecht.
Norderstedt: BoD, 2011.

Register